高等职业教育系列教材

AutoCAD 2010 项目教程

李汾娟 李 程 编著

机械工业出版社

本书按照"项目导向、任务驱动"的教学模式进行编写，以 AutoCAD 2010 为项目载体，采用了大量的项目案例，全面地讲解了 AutoCAD 2010 的使用方法和技巧，主要内容包括 AutoCAD 2010 入门基础知识、绘制平面图形、绘制三视图、绘制零件图、绘制装配图和综合课程设计项目。

本书可作为高职高专院校和社会培训机构的教材，也可供广大工程技术人员参考。

为配合教学，本书配有电子课件，读者可以登录机械工业出版社教材服务网 www.cmpedu.com 免费注册后下载，或联系编辑索取（QQ：1239258369，电话（010）88379739）。

图书在版编目（CIP）数据

AutoCAD 2010 项目教程 / 李汾娟，李程编著．—北京：机械工业出版社，2012.1（2021.1 重印）

高等职业教育系列教材

ISBN 978-7-111-36962-2

Ⅰ．①A… Ⅱ．①李… ②李… Ⅲ．①AutoCAD 软件－高等职业教育－教材 Ⅳ．①TP391.72

中国版本图书馆 CIP 数据核字（2012）第 000645 号

机械工业出版社（北京市百万庄大街 22 号 邮政编码 100037）

责任编辑：曹帅鹏

责任印制：张 博

三河市国英印务有限公司印刷

2021 年 1 月第 1 版·第 9 次印刷

184mm×260mm·16.25 印张·398 千字

19401－20400 册

标准书号：ISBN 978-7-111-36962-2

定价：39.90 元

电话服务

客服电话：010-88361066

010-88379833

010-68326294

封底无防伪标均为盗版

网络服务

机 工 官 网：www.cmpbook.com

机 工 官 博：weibo.com/cmp1952

金 书 网：www.golden-book.com

机工教育服务网：www.cmpedu.com

高等职业教育系列教材
机电类专业编委会成员名单

主　　任　吴家礼

副 主 任　任建伟　张　华　陈剑鹤　韩全立　盛靖琪　谭胜富

委　　员　（按姓氏笔画排序）

王启洋　王国玉　王晓东　代礼前　史新民　田林红

龙光涛　任艳君　刘靖华　刘　震　吕　汀　纪静波

何　伟　吴元凯　张　伟　李长胜　李　宏　李柏青

李晓宏　李益民　杨士伟　杨华明　杨　欣　杨显宏

陈文杰　陈志刚　陈黎敏　苑喜军　金卫国　奚小网

徐　宁　陶亦亦　曹　凤　盛定高　程时甘　韩满林

秘 书 长　胡毓坚

副秘书长　郝秀凯

出　版　说　明

　　《国务院关于加快发展现代职业教育的决定》指出：到2020年，形成适应发展需求、产教深度融合、中职高职衔接、职业教育与普通教育相互沟通，体现终身教育理念，具有中国特色、世界水平的现代职业教育体系，推进人才培养模式创新，坚持校企合作、工学结合，强化教学、学习、实训相融合的教育教学活动，推行项目教学、案例教学、工作过程导向教学等教学模式，引导社会力量参与教学过程，共同开发课程和教材等教育资源。机械工业出版社组织国内80余所职业院校（其中大部分是示范性院校和骨干院校）的骨干教师共同规划、编写并出版的"高等职业教育系列教材"，已历经十余年的积淀和发展，今后将更加紧密结合国家职业教育文件精神，致力于建设符合现代职业教育教学需求的教材体系，打造充分适应现代职业教育教学模式的、体现工学结合特点的新型精品化教材。

　　在本系列教材策划和编写的过程中，主编院校通过编委会平台充分调研相关院校的专业课程体系，认真讨论课程教学大纲，积极听取相关专家意见，并融合教学中的实践经验，吸收职业教育改革成果，寻求企业合作，针对不同的课程性质采取差异化的编写策略。其中，核心基础课程的教材在保持扎实的理论基础的同时，增加实训和习题以及相关的多媒体配套资源；实践性课程的教材则强调理论与实训紧密结合，采用理实一体的编写模式；实用技术型课程的教材则在其中引入了最新的知识、技术、工艺和方法，同时重视企业参与，吸纳来自企业的真实案例。此外，根据实际教学的需要对部分内容进行了整合和优化。

　　归纳起来，本系列教材具有以下特点：

　　1）围绕培养学生的职业技能这条主线来设计教材的结构、内容和形式。

　　2）合理安排基础知识和实践知识的比例。基础知识以"必需、够用"为度，强调专业技术应用能力的训练，适当增加实训环节。

　　3）符合高职学生的学习特点和认知规律。对基本理论和方法的论述容易理解、清晰简洁，多用图表来表达信息；增加相关技术在生产中的应用实例，引导学生主动学习。

　　4）教材内容紧随技术和经济的发展而更新，及时将新知识、新技术、新工艺和新案例等引入教材。同时注重吸收最新的教学理念，并积极支持新专业的教材建设。

　　5）注重立体化教材建设。通过主教材、电子教案、配套素材光盘、实训指导和习题及解答等教学资源的有机结合，提高教学服务水平，为高素质技能型人才的培养创造良好的条件。

　　由于我国高等职业教育改革和发展的速度很快，加之我们的水平和经验有限，因此在教材的编写和出版过程中难免出现疏漏。我们恳请使用这套教材的师生及时向我们反馈质量信息，以利于我们今后不断提高教材的出版质量，为广大师生提供更多、更适用的教材。

机械工业出版社

前　言

　　AutoCAD 是国内计算机辅助设计领域应用最为广泛的绘图软件之一，现已覆盖机械、建筑、服装、电子、气象、地理等各个学科，是企业技术人员必须掌握的基本绘图软件。尤其在机械以及相关行业的二维工程制图领域中，AutoCAD 更为普及。本书采用 AutoCAD 2010 版本，以项目为主线，重点讲解 AutoCAD 二维工程制图的实用性操作方法和技巧。

　　本书按照项目主导教学理念进行编写，将相关知识点融入其中。通过项目学习让学生了解"是什么"（what），"怎么做"（how），产生感性认识；然后将相关知识点拓展与深入，让学生明白"为什么"（why），最后通过大量练习与指导加深学生对相关命令的理解与灵活应用。以项目推进学习的深入与完善，在项目中不断巩固学生对知识的理解与运用。

　　项目 1 为 AutoCAD 2010 入门基础知识。项目 2～项目 5 的任务中包含任务学习、任务注释、知识拓展、课后练习四个部分，先讲解一个任务的制作过程，再对任务中学习到的命令进行介绍，之后对相关命令知识点进行拓展训练，并且辅之以大量课后练习，使学生达到知识点的理解与技能的提升。项目 6 为综合课程设计项目。

　　本书的主要特点如下：

　　（1）兼容性。采用 AutoCAD 2010 为对象，同时使用经典模式进行讲解。不仅适合新版本的使用，也适合之前版本使用者的学习需求。

　　（2）实用性。本书将用项目形式展开理论知识，让学生在明确学习目标的背景下，变被动学习为主动，增强学生学习的主观能动性。

　　（3）针对性。根据企业行业的真实使用情况，重点讲解 AutoCAD 二维工程制图的操作方法，使本书更具备针对性。

　　（4）示范性。每部分的讲授内容与方式经过编著者多年的授课经验积累，使本书既适合自学，也适合高校与培训机构使用。

　　本书根据学生对 AutoCAD 的认知过程以及机械工程制图的实际情况出发，主要内容为 AutoCAD 2010 入门基础知识、绘制平面图形、绘制三视图、绘制零件图、绘制装配图和综合课程设计项目等。

　　本书由苏州工业园区职业技术学院李汾娟老师和苏州工艺美术职业技术学院李程老师编写，其中李汾娟负责项目 2、项目 4、项目 5 的编写与全书统稿工作，李程负责项目 1、项目 3、项目 6 的编写并负责全书的审稿工作。

　　由于编者水平有限，书中难免存在不足之处，恳请广大读者批评指正并提出宝贵的意见，可发送邮件到作者的电子邮箱 lifenjuanabc333@sina.com。

编　者

目　　录

项目 1 AutoCAD 2010 入门基础知识

任务 1.1 AutoCAD 2010 新增功能简介

AutoCAD 功能强大、易于掌握、使用方便、体系结构开放，能够绘制平面图形与三维图形、标注图形尺寸、渲染图形以及打印输出图样。本项目将主要介绍 AutoCAD 2010 的新增功能、操作界面和基本操作方法。AutoCAD 2010 主要新增功能表现在三维建模和参数化绘图，具体介绍如下。

1. 三维建模

AutoCAD 2010 的三维建模功能得到了更好地完善，新加入了自由式设计功能，增加了网格对象，将其他的三维对象转化成网格对象，而且网格可以通过直接创建来生成。网格的优点就是形状可随心所欲地改变，如圆滑边角、凹陷处理、形状拖变、表面细部分割等，如图 1-1 所示。

图 1-1 AutoCAD 2010 的三维模型绘图面板

2. 参数化绘图

参数化绘图主要表现为尺寸的约束和尺寸参数化的标注以及参数化管理器的加入。参数化设计大大提高了 AutoCAD 2010 的三维设计与修改能力，某些图形的标注可以通过关系式或约束来定位，从而产生父子关系，在修改父特征的同时，子特征跟随父特征的变化而变化，大大节省修改时间，如图 1-2 所示。

图 1-2 AutoCAD 2010 的参数化绘图面板

3．动态块功能的增强

在动态块定义中，使用几何约束和标注约束以简化动态块创建。基于约束的控件对于插入取决于用户输入尺寸和部件号的块来说是非常理想的。在修改过程中加入参数化的设计，修改非常方便。

4．文件的输出和发布功能

系统可以快速访问用于输出模型空间中的区域或将布局输出为 DWF、DWFx、或 PDF 文件的工具。输出时，可以使用页面设置替代和输出选项控制输出文件的外观和类型。系统已简化了发布布局和图样的流程，如图 1-3 所示。

图 1-3　AutoCAD 2010 的文件输出面板

任务 1.2　认识 AutoCAD 2010 的操作界面

本任务将主要认识 AutoCAD 2010 软件的操作界面。

1.2.1　任务学习

在安装完 AutoCAD 2010 之后，可以通过双击桌面的■图标或单击"开始"菜单→"程序"→"Autodesk"→"AutoCAD 2010-Simplified Chinese"→"AutoCAD 2010"命令，启动 AutoCAD 2010。

进入 AutoCAD 2010 后，系统默认的界面是软件新界面风格。为了使本教材具备更广泛的适用性，读者可以转换成"AutoCAD 经典"风格界面。转换方法是：单击界面右下角的"初始设置空间"按钮，在弹出的菜单中选择"AutoCAD 经典"命令，如图 1-4 所示。系统切换到"AutoCAD 经典"风格界面，如图 1-5 所示。

一个完整的"AutoCAD 经典"操作界面主要包括：标题栏、绘图区、菜单栏、工具栏、坐标系图标、命令行窗口、状态栏、布局标签和滚动条等。

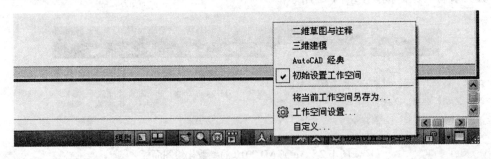

图 1-4　"AutoCAD 经典"风格转换

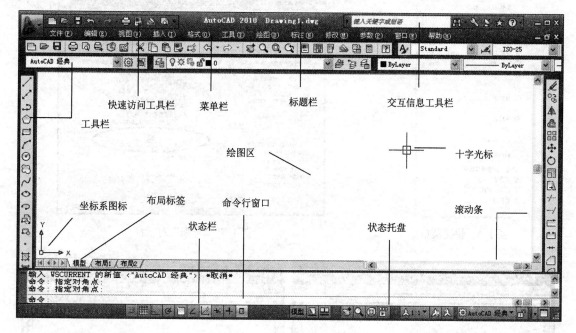

图 1-5 "AutoCAD 经典"界面

1. 标题栏

在"AutoCAD 经典"界面的最上端是标题栏。在标题栏中，显示系统当前正在运行的图形文件名称和软件名称。

2. 绘图区

绘图区是指在标题栏下方的大片空白区域。绘图区是用户使用 AutoCAD 绘制图形的区域，用户完成一幅设计图形的主要工作就是在绘图区完成的。

在绘图区中，有一个类似光标的十字线，其交点反映光标当前坐标系中的位置。在AutoCAD 中，该十字线称为光标，十字线的方向与当前用户坐标系的 X 轴、Y 轴方向平行。

（1）修改十字光标大小

十字光标的长度系统预设为屏幕大小的 5%，用户可根据绘图的实际需要更改其大小。更改方法为：

在绘图区任意位置单击鼠标右键，系统弹出快捷菜单，如图 1-6 所示。选择"选项"命令，弹出 "选项"对话框，切换到"显示"选项卡，如图 1-7 所示。在"十字光标大小"区域中的文本框中直接输入数值，或者拖动文本框后的滑块，同样可实现十字光标大小的调整，如图 1-8 所示。

注：十字光标的大小为 5，即表示十字光标的长度为屏幕大小的 5%。

（2）修改绘图区的颜色

在默认情况下，AutoCAD 的绘图区为白色背景，黑色线条，若需要修改绘图区的颜色，可操作如下：

在绘图区任意位置单击鼠标右键，系统弹出快捷菜单，选择"选项"命令，弹出 "选项"对话框，切换到"显示"选项卡，如图 1-9 所示。

图 1-6　快捷菜单

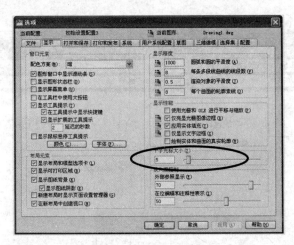

图 1-7　"选项"对话框

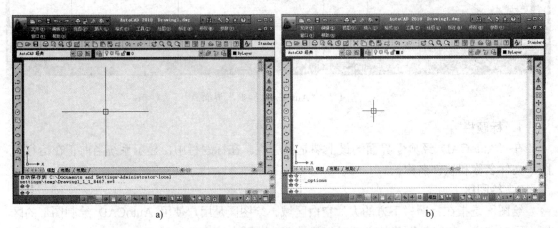

a)　　　　　　　　　　　　　　　　　　　　　　b)

图 1-8　修改十字光标的大小

a) 十字光标的大小为 20　b) 十字光标的大小为 5

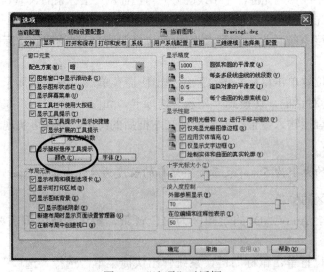

图 1-9　"选项"对话框

单击"窗口元素"区域中"颜色"按钮,弹出"图形窗口颜色"对话框,如图 1-10 所示。单击"颜色"下拉列表框右侧的下拉箭头,在弹出的下拉列表中选择所需要的颜色,然后单击"应用并关闭"按钮。

3. 菜单栏

在 AutoCAD 标题栏下方是 AutoCAD 的菜单栏。与 Windows 环境一样,AutoCAD 的菜单也是下拉式菜单,并在菜单中包含子菜单。AutoCAD 的菜单栏中包括"文件"、"编辑"、"视图"、"插入"、"格式"、"工具"、"绘图"、"标注"、"修改"、"参数"、"窗口"和"帮助"12 个菜单选项。这些菜单几乎包含了 AutoCAD 的所有绘图命令。AutoCAD 下拉菜单的命令包括以下 3 种。

（1）带有小三角的菜单命令

这类命令后面带有子菜单。例如:单击菜单栏中"绘图"项→"圆"命令,屏幕会继续出现相应"圆"的子菜单命令,如图 1-11 所示。

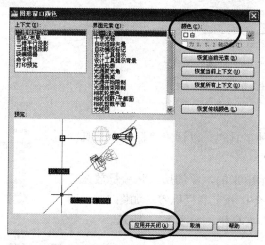

图 1-10 "图形窗口颜色"对话框

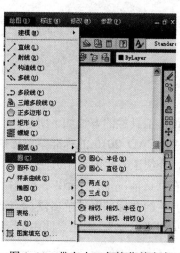

图 1-11 带有小三角的菜单命令

（2）弹出对话框的菜单命令

这类命令后面带有"…"。例如:单击菜单栏中"格式"项→"文字样式…"命令,如图 1-12 所示,屏幕中会弹出"文字样式"对话框,如图 1-13 所示。

图 1-12 弹出带对话框的菜单命令

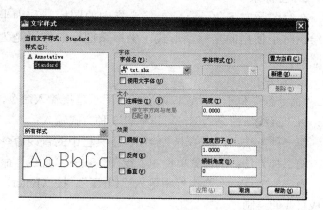

图 1-13 "文字样式"对话框

（3）直接操作的菜单命令

这类命令将直接进行相应的操作。例如：单击菜单栏中"绘图"项→"直线"命令，系统将进行直线的绘制，如图 1-14 所示。

4．工具栏

工具栏是一组图标型工具的集合。把光标移动到某个图标上，稍停片刻即在该图标的一侧显示相应的工具提示，单击图标可以启动相应的命令。在二维制图中，部分常用的工具栏如图 1-15 所示。

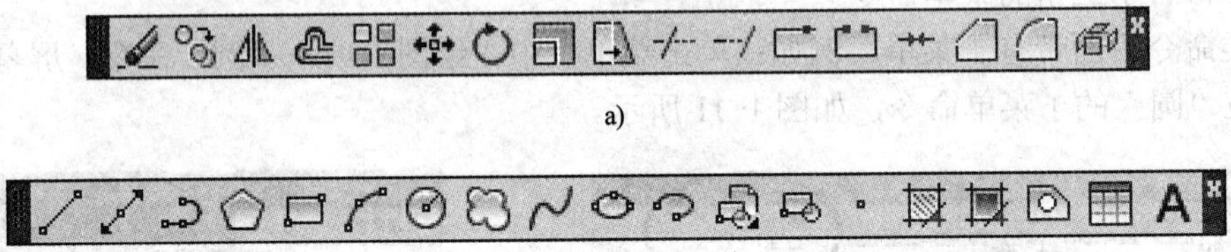

图 1-14　直接操作的菜单命令

a)

b)

图 1-15　"修改"与"绘图"工具栏

a)"修改"工具栏　b)"绘图"工具栏

调出工具栏的方法如下所示：

AutoCAD 2010 的标准菜单提供了 46 种工具栏。以调出"标注"工具栏为例，介绍工具栏的调出方法。

在默认情况下，"标注"工具栏是不显示出来的，需调用。将鼠标放在任一工具栏的非标题区，单击鼠标右键，系统会打开工具栏标签，如图 1-16 所示，单击"标注"，则在界面中显示"标注"工具栏，如图 1-17 所示。

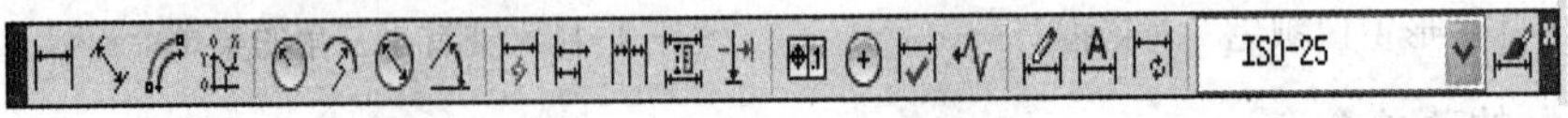

图 1-17　"标注"工具栏

5．坐标系

在绘图区左下角，有一个箭头指向的图标，称为坐标系图标，表示用户绘图时正使用的坐标系形式。坐标系图标的作用是为点的坐标确定一个参照系。

图 1-16　工具栏标签

6．命令行

"命令行"位于绘图窗口的底部，用于直接输入命令，并显示 AutoCAD 提示信息。

以"直线"命令为例，可以通过 3 种方式输入：

第一种方法：直接单击"绘图"工具栏中的直线命令按钮；

第二种方法：单击菜单栏中"绘图"项→"直线"命令；

第三种方法：在命令行中输入"LINE"，按〈Enter〉键。可以根据系统在命令行的提示完成直线的绘制。

7. 状态栏

状态栏在操作界面的底部，用来显示 AutoCAD 当前的状态，如图 1-18 所示。状态栏左边显示绘图区中光标定位点的坐标 X、Y、Z，其他按钮的功能如下：

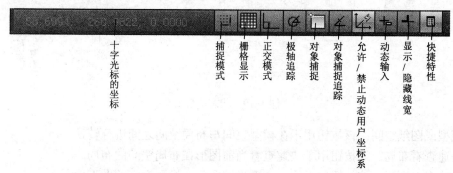

图 1-18　状态栏

捕捉模式：该按钮用于开启或关闭捕捉。捕捉模式可以使光标容易捕捉到每一个栅格上的点。

栅格显示：该按钮用于开启或关闭栅格的显示。栅格即图幅的显示范围。

正交模式：该按钮用于开始或关闭正交模式。正交即光标只能走 X 轴或者 Y 轴方向，不能画斜线。

极轴追踪：该按钮用于开始或关闭极轴追踪模式。用于捕捉和绘制与起点水平线成一定角度的线段。

对象捕捉：该按钮用于开始或关闭对象捕捉。对象捕捉即能使光标在接近某些特殊点的时候自动引到那些特殊的点。

对象捕捉追踪：该按钮用于开始或关闭对象捕捉追踪。该功能和对象捕捉功能一起使用，用于追踪捕捉点在线性方向上与其他对象的特殊点的交点。

允许/禁止动态用户坐标系：用于切换允许/禁止动态 UCS（用户坐标系）。

动态输入：动态输入的开始和关闭。

显示/隐藏线宽：该按钮用于控制线框的显示。

快捷特性：该按钮用于控制"快捷特性面板"的禁用或者开启。

8. 滚动条

在 AutoCAD 的绘图窗口中，在窗口的下方和右侧还提供了用来浏览图形的水平和竖直方向的滚动条。在滚动条中单击向上及向下箭头按钮或拖动滚动条中的滚动块，可以在绘图区中按水平或竖直两个方向浏览图形。

9. 布局标签

AutoCAD 系统默认设定一个"模型"空间布局标签和"布局 1"、"布局 2"两个图样空间布局标签。

10. 状态托盘

状态托盘包括一些常见的显示工具和注释工具，包括模型空间与布局空间转换工具，如图 1-19 所示，通过这些按钮控制图形及更改绘图区的状态。

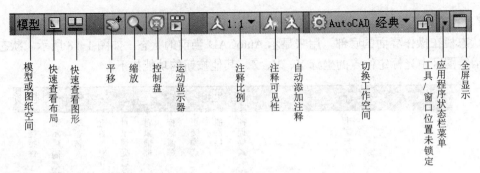

图 1-19 状态托盘工具

模型或图纸空间：该按钮用于在模型空间与布局空间之间进行转换。

快速查看布局：该按钮用于快速查看当前图形在布局空间的布局。

快速查看图形：该按钮用于快速查看当前图形在模型空间的图形位置。

平移：该按钮用于对图形进行平移操作。

缩放：该按钮用于对图形进行缩放操作。

控制盘：该按钮用于对图形进行显示控制操作。

运动显示器：该按钮用于对图形运动状态进行控制。

注释比例：单击注释比例右下角小三角符号弹出注释比例列表，可以根据需要选择适当的注释比例。

注释可见性：当图标亮显时，表示显示所有比例的注释性对象。当图标变暗时，表示仅显示当前比例的注释性对象。

自动添加注释：注释比例更改时，自动将比例添加到注释对象。

切换工作空间转换：进行工作空间转换。

工具/窗口位置未锁定：控制是否锁定工具栏或图形窗口在图形界面上的位置。

应用程序状态栏菜单：单击该下拉按钮，可以选择打开或锁定相关的选项，如图 1-20 所示。

全屏显示：该选项可以清除 Windows 窗口中的标题栏、工具栏和选项板等界面元素，使 AutoCAD 的绘图窗口全屏显示。

图 1-20 应用程序状态栏菜单

11. 功能区

单击菜单栏"工具"选项→"选项板"→"功能区"命令，系统会在绘图区窗口上方展开"功能区"操作界面，如图 1-21 所示。该功能区有 7 个选项卡："常用"、"插入"、"注释"、"参数化"、"视图"、"管理"和"输出"。单击功能区选项后面的 ▼，控制功能的展开和收缩。

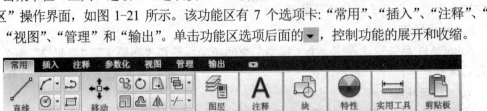

图 1-21 功能区

12．快速访问工具栏

AutoCAD 2010 的快速访问工具栏中包含最常用的快捷按钮，如图 1-22 所示。

图 1-22　快速访问工具栏

在默认状态中，快速访问工具栏包含快捷按钮分别为："新建"按钮 、"打开"按钮 、"保存"按钮 、"放弃"按钮 、"重做"按钮 、"打印"按钮 、特性匹配 、"图纸集管理器" 、"打印预览"按钮 。用户可以单击本工具栏后面的下拉按钮，在弹出的下拉菜单中设置需要的常用工具。

13．交互信息工具栏

交互信息工具栏包括："搜索" 、"速博应用中心" 、"通信中心" 、"收藏夹" 和"帮助" 等几个常用的数据交互访问工具。

1.2.2　任务注释

AutoCAD 2010 提供了"二维草图与注释"、"三维建模"和"AutoCAD 经典"3 种工作空间模式。"二维草图与注释"空间便于绘制二维图形，如图 1-23 所示；"三维建模"空间便于绘制三维图形，如图 1-24 所示；对于习惯了 AutoCAD 传统界面的读者而言，可以使用"AutoCAD 经典"空间。

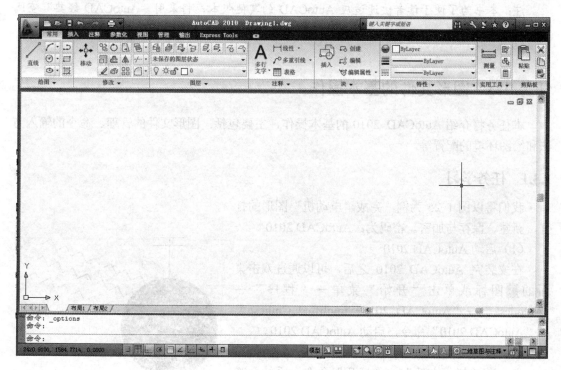

图 1-23　二维草图与注释空间模式

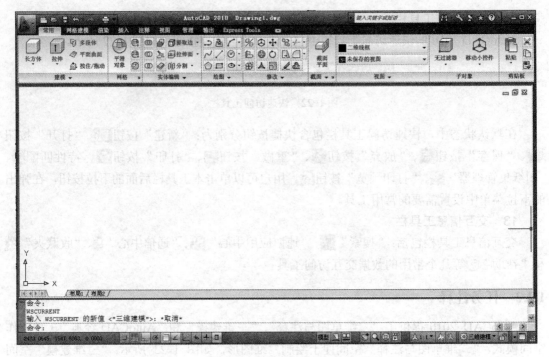

图 1-24 三维建模空间模式

注：本书为了便于读者快速适应 AutoCAD 的其他版本，将采用 "AutoCAD 经典" 空间进行讲解。

任务 1.3 图形文件的基本操作

本任务将介绍 AutoCAD 2010 的基本操作，主要包括：图形文件的管理、命令的输入方法和绘图环境的配置等。

1.3.1 任务学习

我们将以图 1-25 为例，完成 "电动机" 图形的打开、新建、保存与加密。密码为：AutoCAD 2010

（1）启动 AutoCAD 2010

在安装完 AutoCAD 2010 之后，可以通过双击桌面的 图标或单击 "开始" 菜单 → "程序" → "Autodesk" → "AutoCAD 2010–Simplified Chinese" → "AutoCAD 2010" 命令，启动 AutoCAD 2010。

（2）打开文件

单击菜单栏 "文件" → "打开" 命令，系统会弹出 "选择文件" 对话框，如图 1-26 所示。

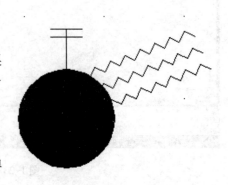

图 1-25 电动机

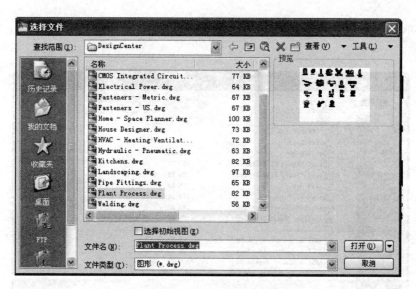

图 1-26 "选择文件"对话框

在查找范围中选择："安装目录/Sample/DesignCenter/Plant Process.dwg"，单击"打开"
按钮，系统如图 1-27 所示。

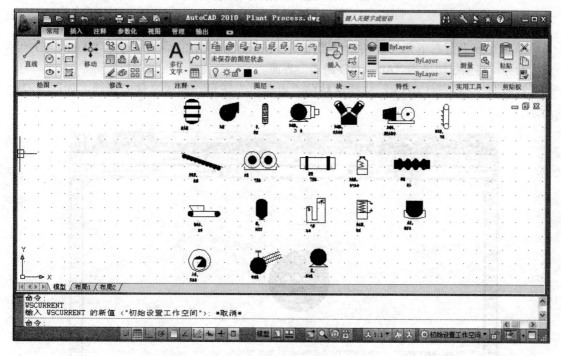

图 1-27 打开文件

（3）新建文件

滚动鼠标滚轮，放大绘图区的图形（鼠标滚轮向前滚为放大，鼠标滚轮向后滚为缩
小），利用状态托盘的"平移"按钮，平移图形，利用鼠标左键框选"电动机"图形，然
后在键盘上按下〈Ctrl+C〉快捷键复制"电动机"图形。

单击菜单栏"文件"→"新建"命令，系统会弹出"选择样板文件"对话框，如图 1-28 所示。

图 1-28 "选择样板文件"对话框

选择"acadISO –Named Plot Styles.dwt"并打开。

单击系统界面右下角的"初始设置空间"按钮，在弹出的菜单中选择"AutoCAD 经典"命令，将系统切换到"AutoCAD 经典"界面。

在键盘上按下〈Ctrl+V〉快捷键粘贴"电动机"图形，完成文件的新建，如图 1-29 所示。

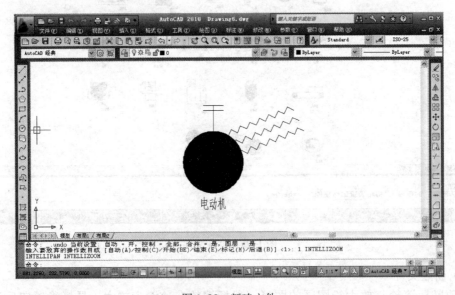

图 1-29 新建文件

注：可以通过滚动鼠标滚轮，调整绘图区图形的显示大小。

（4）保存以"电动机"命名的文件并加密

单击菜单栏"文件"→"保存"命令，系统会弹出"图形另存为"对话框，如图 1-30 所示。

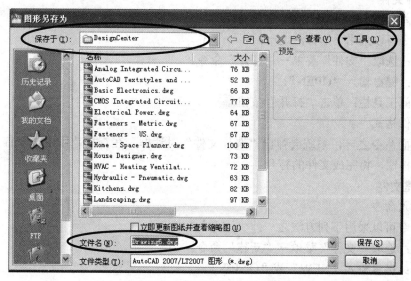

图 1-30 "图形另存为"对话框

在"保存于"下拉列表框中选择保存的路径，在"文件名"文本框中输入"电动机.dwg"。

图 1-31 工具中的【安全选项】

为了安全性考虑，单击对话框"工具"右边的下拉箭头，选择"安全选项"，如图 1-31 所示，系统弹出"安全选项"对话框，如图 1-32 所示。在"用于打开此图形的密码或短语"中输入："AutoCAD 2010"，单击"确定"按钮，系统弹出"确认密码"对话框，再次输入"AutoCAD 2010"，如图 1-33 所示，单击"确定"按钮。返回"图形另存为"对话框，单击"保存"按钮，完成以"电动机.dwg"命名图形的保存与加密。

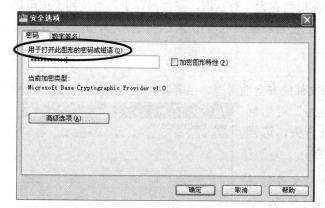

图 1-32 "安全选项"对话框

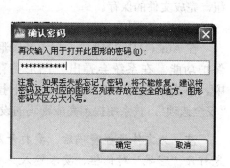

图 1-33 "确认密码"对话框

1.3.2 任务注释

1. 打开文件

（1）输入命令

输入命令可以采用下列方法之一：

菜单栏：选取"文件"菜单→"打开"命令。

命令行：键盘输入"OPEN"。

快速访问工具栏：单击"打开"按钮。

（2）操作格式

执行上面命令之一，系统会弹出"选择文件"对话框，在查找范围中选择打开路径，单击"打开"按钮，将完成文件的打开。

2. 新建文件

（1）输入命令

输入命令可以采用下列方法之一：

菜单栏：选取"文件"菜单→"新建"命令。

命令行：键盘输入"NEW"或"QNEW"。

快速访问工具栏：单击"新建"按钮。

（2）操作格式

执行上面命令之一，系统会弹出"选择样板文件"对话框，选择样板，单击"打开"按钮，完成文件的新建。

3. 保存文件与加密保护

（1）输入命令

输入命令可以采用下列方法之一：

菜单栏：选取"文件"菜单→"保存"命令。

命令行：键盘输入"SAVE"或"QSAVE"。

快速访问工具栏：单击"保存"按钮。

（2）操作格式

执行上面命令之一，系统会弹出"图形另存为"对话框，在"保存于"下拉列表框可以指定保存文件的路径；在"文件类型"下拉列表框中可以指定文件类型。单击"保存"按钮，完成文件的保存。

（3）加密保护

在 AutoCAD 2010 中，出于对图形文件的安全性考虑，当需要保存文件时可以使用密码保护功能。在系统会弹出"图形另存为"对话框中，单击对话框"工具"右边的下拉箭头，选择"安全选项"，按系统提示完成密码的设置。

注：为文件设置密码后，要打开加密文件时将先打开"密码"对话框，要求输入正确的密码，如图 1-34 所示。

图 1-34 "密码"对话框

任务 1.4 命令输入方法

我们将以图 1-35 任意图形为例，学习各种命令的输入方法
与操作。

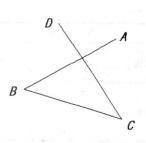

图 1-35 任意图形

1.4.1 任务学习

学习绘制图 1-28 需用到的直线命令。

（1）输入直线命令

输入直线命令可以采用下列方式之一（命令的输入方式）：

工具栏：单击"绘图"工具栏"直线"按钮／。

菜单栏：选取"绘图"菜单→"直线"命令。

命令行：键盘输入"LINE"或"L"。

（2）绘制图形

执行上面命令之一，系统提示如下：

> 指定第一点：（用鼠标在绘图区任意位置拾取第一点 A）。
> 指定下一点或【放弃（U）】：（用鼠标在绘图区任意位置拾取第二点 B）。
> 指定下一点或【闭合（C）/放弃（U）】：（用鼠标在绘图区任意位置拾取第三点 C）。

注：若对所画线段不满意，可在命令行中输入"Undo"，按〈Enter〉键或"U"，按
〈Enter〉键撤销当前操作。

> 指定下一点或【闭合（C）/放弃（U）】：（用鼠标在绘图区任意位置拾取第四点D）。

注：绘图过程中可滚动鼠标滚轮向前或向后，实时缩放图形（鼠标执行命令）。

> 指定下一点或【闭合（C）/放弃（U）】：（按〈Esc〉键结束直线命令）。

若继续绘制直线，可以按〈Enter〉键或空格键（命令的撤销、重复和终止）。

1.4.2 任务注释

1. 命令的输入方式

AutoCAD 的命令的输入方式有多种。

> 在命令行中输入命令名。命令名不区分大小写，如：绘制直线时，输入"LINE"，按〈Enter〉键。
> 在命令行中输入命令缩写字。如：绘制直线时，输入"L"，按〈Enter〉键。

在菜单栏中选择命令。如：绘制直线时，选取"绘图"菜单→"直线"命令。

单击工具栏上的对应图标。如绘制直线时，单击"绘图"工具栏"直线"按钮／。

2. 鼠标执行命令

在 AutoCAD 中，鼠标功能如下表 1-1 所示。

表 1-1 鼠标键功能

鼠 标 键	操 作 方 法	作 用
左键	单击	拾取键
	双击	进入对象特性修改对话框
右键	在绘图区右键单击	弹出快捷菜单
	Shift+右键	对象捕捉快捷菜单
	在工具栏中右键单击	快捷菜单
中间滚轮	滚动滚轮向前或向后	实时缩放
	按住滚子不放并拖动	实时平移
	双击	缩放成实际范围

3. 命令的撤销、重复和终止

在 AutoCAD 中，可以方便的重复执行同一条指令，或撤销前面执行的一条指令或多条指令，可在命令执行过程中，终止任何指令。

（1）撤销命令

在命令执行的任何时候都可以撤销或终止命令的执行。

撤销命令可以采用下列方式之一：

菜单栏：选取"编辑"菜单→"放弃"命令。

命令行：键盘输入"UNDOLINE"或"U"。

快速访问工具栏：单击"放弃"按钮🔙。

已撤销的命令可以恢复重做。

要恢复撤销最后一个命令，可以采用下列方式之一：

菜单栏：选取"编辑"菜单→"重做"命令。

命令行：键盘输入"REDO"。

快速访问工具栏：单击"重做"按钮🔜。

该命令可以一次执行多次撤销/重做操作。单击🔙或🔜旁边的列表箭头，可以选择要放弃或重做的操作。

（2）重复命令

要重复执行上一个命令，可以按〈Enter〉键或空格键，或在绘图区域右击，在弹出的快捷菜单中选择"重复"命令；也可以在命令行中单击鼠标右键，在弹出的快捷菜单的"近期使用的命令"子菜单中选择需要的命令，如图 1-36 所示。

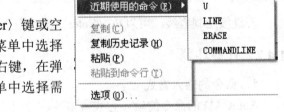

图 1-36 命令行右键快捷菜单

（3）终止命令

在命令执行过程中，可以随时按〈Esc〉键终止正执行任何命令。

任务 1.5   配置绘图环境

在 AutoCAD 2010 默认配置是可以绘图的，但用户可以根据自己的喜好风格和作图需要更改绘图系统的配置。更改配置可以采用下列方式之一：

菜单栏：选取"工具"菜单→"选项"命令。

命令行：键盘输入"PREFERENCES"。

快捷菜单：在绘图区，单击鼠标右键，在弹出的快捷菜单中选择"选项"命令。

执行上面命令之一，系统会弹出"选项"对话框，如图 1-37 所示。在对话框中，有 10 个选项卡，分别为："文件"、"显示"、"打开和保存"、"打印和发布"、"系统"、"用户系统配置"、"草图"、"三维建模"、"选择集"和"配置"。每个选项卡都有相应的配置选项，用户在开始作图前可以进行必要的配置。

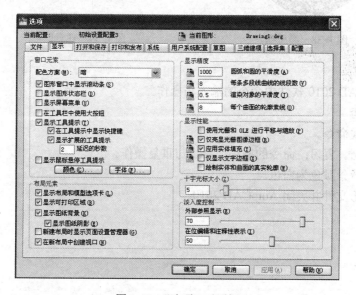

图 1-37 "选项"对话框

任务 1.6 综合练习

一、利用安装目录"/Sample/DesignCenter/Plant Process.dwg"，完成"高压锅"图形（如图 1-38 所示）文件的相关操作。

1. 目标

熟悉 AutoCAD 2010 的操作界面及文件管理。

2. 操作内容

1）启动 AutoCAD 2010。

2）打开"安装目录/Sample/DesignCenter/Plant Process.dwg"文件。

3）新建一个文件，将安装目录"/Sample/DesignCenter/Plant Process.dwg"文件中的"高压锅"复制并粘贴到新的文件中。要求：新建文件工作空间为"AutoCAD 经典"界面；绘图区背景颜色为白色。

4）保存以"高压锅"命名的文件于桌面并加密，密码为"123456"。

二、利用直线命令绘制图 1-39 所示图形，练习命令的输入与操作。

图 1-38　高压锅　　　　　　　　　　图 1-39　任意图形

1. 目标

熟悉 AutoCAD 2010 软件中命令的输入与操作。

2. 操作内容

1）输入直线命令。

2）绘制图形。复习：命令的撤销、终止与重复操作。

3）绘图区背景颜色为白色。

4）保存图形文件并关闭 AutoCAD 2010。

项目 2　绘制平面图形

任务 2.1　绘制平面图形（一）——学习直线、删除命令

直线与删除命令作为 AutoCAD 学习的第一步至关重要，其操作过程往往会在任何一个图形绘制中采用。本任务将以绘制如图 2-1 所示的平面图形（一）开始，说明直线、删除命令的绘制技巧与方法。

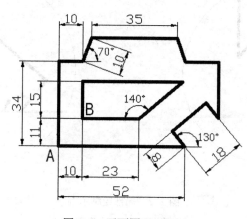

图 2-1　平面图形（一）

2.1.1　任务学习

1. 绘制外框

1）单击"绘图"工具栏上的"直线"按钮，或单击菜单项"绘图"→"直线"命令，按 AutoCAD 命令提示（直线命令）：

> 　　指定第一点：（输入起始点）（用鼠标在绘图区任意位置拾取一点 A）。
> 　　指定下一点或【放弃（U）】：（单击状态栏上的"正交"按钮，向上移动光标确定直线前进方向，输入"34"，按〈Enter〉键）（直线距离输入法）。
> 　　指定下一点或【闭合（C）/放弃（U）】：（向右移动光标，输入"10"，按〈Enter〉键）。
> 　　指定下一点或【闭合（C）/放弃（U）】：（向上移动光标输入"@10<70"，按〈Enter〉键）（相对极坐标输入法）。
> 　　指定下一点或【闭合（C）/放弃（U）】：（向右移动光标，输入"35"，按〈Enter〉键）。
> 　　指定下一点或【闭合（C）/放弃（U）】：（向下移动光标，输入"@10<-70"，按〈Enter〉键）。
> 　　指定下一点或【闭合（C）/放弃（U）】：（向右移动光标，输入"35"，按〈Enter〉键）。
> 　　指定下一点或【闭合（C）/放弃（U）】：（按〈Enter〉键或〈ESC〉键）。

2）单击"绘图"工具栏上的"直线"按钮，按 AutoCAD 提示：

指定第一点：__（拾取 A 点）__。

注：为了能捕捉到 A 点，单击状态栏上的"对象捕捉"按钮。

> 指定下一点或【放弃（U）】：__（向右移动光标，输入"52"，按〈Enter〉键）__。
> 指定下一点或【闭合（C）/放弃（U）】：__（输入"@8<130"，按〈Enter〉键）__。
> 指定下一点或【闭合（C）/放弃（U）】：__（输入"@18<40"，按〈Enter〉键）__。
> 指定下一点或【闭合（C）/放弃（U）】：__（输入"@8<-50"，按〈Enter〉键）__。

注：命令行中"@18<40"的角度 40°与"@8<-50"中的角度 50°分别可由图 2-2a 和 b 得出。

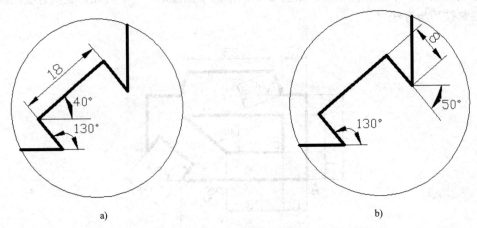

a)   b)

图 2-2 局部绘制示例

a）角度为 40°   b）角度为 50°

> 指定下一点或【闭合（C）/放弃（U）】：__（向上移动光标，输入"30"，按〈Enter〉键）__。
> 指定下一点或【闭合（C）/放弃（U）】：__（按〈Enter〉键或〈ESC〉键）__。

3）选取要缩短的线段 CD，如图 2-3 所示。

在对象中选择夹点 C，如图 2-3a 所示，此时夹点随鼠标的移动而移动。

> 命令行中显示：指定拉伸点或[基点（B）/复制（C）/放弃（U）/退出（X）]：__（移动 C 点到交点 G 的位置时，单击鼠标左键，即可把夹点缩短到 G 位置）__（夹点拉伸功能）。

结果如图 2-3b 所示。

4）选取要缩短的线段 EF。

在对象中选择夹点 E 如图 2-3c 所示，此时夹点随鼠标的移动而移动。

> 命令行中显示：指定拉伸点或[基点（B）/复制（C）/放弃（U）/退出（X）]：__（移动 E 点到交点 G 的位置时，单击鼠标左键，即可把夹点缩短到 G 位置）__。

结果如图 2-3d 所示。

5）按〈Esc〉键，完成外框的绘制。

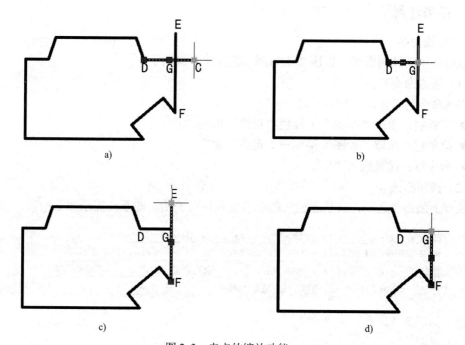

图 2-3　夹点的缩放功能

a) 选择夹点 C　b) 缩短直线 DC　c) 选择夹点 E　d) 缩短直线 EF

2．绘制内框

1）单击"绘图"工具栏上的"直线"按钮 ↗，按 AutoCAD 提示：

> 指定第一点：（用鼠标在绘图区拾取点 A）。
> 指定下一点或【放弃（U）】：（输入"@10，11"按〈Enter〉键，确定 B 点）（相对直角坐标输入法）。
> 指定下一点或【闭合（C）/放弃（U）】：（向上移动光标，输入"15"，按〈Enter〉键）。
> 指定下一点或【闭合（C）/放弃（U）】：（向右移动光标，输入"50"，按〈Enter〉键）。

注：此相对长度可任意输入。

> 指定下一点或【放弃（U）】：（按〈Enter〉键或〈Esc〉键）。

2）单击"绘图"工具栏上的"直线"按钮 ↗，按 AutoCAD 提示：

> 指定第一点：（拾取 B 点）。
> 指定下一点或【放弃（U）】：（向右移动光标，输入"23"，按〈Enter〉键）。
> 指定下一点或【闭合（C）/放弃（U）】：（输入"@30<50"，按〈Enter〉键）。
> 指定下一点或【闭合（C）/放弃（U）】：（按〈Enter〉键或〈Esc〉键）。

3）使用夹点，实现线段长度缩放，完成内框的绘制。

4）选取 AB 线段，单击"修改"工具栏上的 ✎，删除直线，完成图 2-1 平面图形（一）的绘制（删除命令）。

2.1.2 任务注释

1. 直线命令

该命令用于绘制直线。以图 2-4 为例，其操作步骤如下。

（1）输入命令

输入命令可以采用下列方法之一：

● 工具栏：单击"绘图"工具栏"直线"按钮。
● 菜单栏：选取"绘图"菜单→"直线"命令。
● 命令行：键盘输入"L"。

（2）操作格式

执行上面命令之一，将状态栏上的动态输入按钮关闭，则系统提示如下：

> 指定第一点：（在命令行中输入"30，40"，按〈Enter〉键）。
> 指定下一点或【放弃（U）】：（输入"50，70"，按〈Enter〉键）。
> 指定下一点或【闭合（C）/放弃（U）】：（输入"30，90"，按〈Enter〉键）。
> 指定下一点或【闭合（C）/放弃（U）】：（输入"C"，按〈Enter〉键，自动封闭三角形并退出命令）。

结束如图 2-4 所示。

（3）说明

在绘制直线时注意：

在"指定下一点或【闭合（C）/放弃（U）】"提示后，若输入"U"，将取消上一条直线，连续操作可依次删除本次执行命令所画的多条直线；若输入"C"，使连续直线自动封闭（条件：执行直线命令时，至少输入三个点）。

2. 直线距离输入法

直线距离输入法：当命令行提示指定下一点时，先移动鼠标确定方向，再输入移动距离值，即可在此方向上确定一点，且这一点与前一点的距离等于前面输入的距离值,按〈Enter〉键确定。

如果运用直线距离输入法绘制如图 2-5 所示图形，其操作步骤如下：

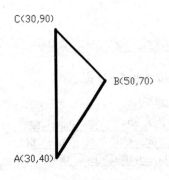

图 2-4　绘制直线示例

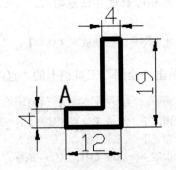

图 2-5　用直线距离法输入尺寸示例

单击"绘图"工具栏上的"直线"按钮或键盘输入"L"，按 AutoCAD 提示：

> 指定第一点：（输入起始点）（用鼠标在绘图区任意位置确定一点 A）。

22

指定下一点或【放弃（U）】：（单击状态栏上的"正交"按钮，向下移动光标确定直线前进方向，输入"4"，按〈Enter〉键）。

　指定下一点或【闭合（C）/放弃（U）】：（向右移动光标，输入"12"，按〈Enter〉键）。
　指定下一点或【闭合（C）/放弃（U）】：（向上移动光标输入"19"，按〈Enter〉键）。
　指定下一点或【闭合（C）/放弃（U）】：（向左移动光标，输入"4"，按〈Enter〉键）。
　指定下一点或【闭合（C）/放弃（U）】：（向下移动光标，输入"15"，按〈Enter〉键）。
　指定下一点或【闭合（C）/放弃（U）】：（输入"C"，按〈Enter〉键）。

完成图 2-5 的绘制。

注：在"正交"模式下，可以方便地绘制与 X 轴或 Y 轴平行的水平线或垂直线。

3．相对极坐标输入法

形式：@R<α

含义：极半径 R——输入点相对于前一个输入点的距离。

极角α——输入点与前一输入点的连线与 X 轴正向的夹角。（注：AutoCAD 中系统默认逆时针为正，极角α有正负）

如果已知线段长度和角度，可以利用相对极坐标输入法方便的绘制线段，如图 2-6 所示。如果 A 点为前一点，则 B 点的相对坐标为"@50<37"；如果 B 为前一点，则 A 点的相对坐标为"@50<-143"或"@50<217"。

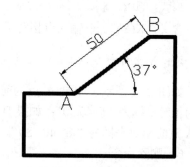

图 2-6　用相对极坐标输入法输入尺寸示例

4．夹点拉伸功能

夹点是一些实心的蓝色小方框。使用鼠标指定对象时，对象的关键点上会出现夹点。拖动这些夹点可以快速拉伸对象。

用夹点拉伸对象的操作步骤如下：

1）选取要拉伸的对象，如图 2-7a 所示。

2）在对象中选择夹点，此时夹点随鼠标的移动而移动，如图 2-7b 所示。

系统提示如下：

指定拉伸点或[基点（B）/复制（C）/放弃（U）/退出（X）]：

各选项的功能如下：

"指定拉伸点"：用于指定拉伸的目标点。

"基点"：用于指定拉伸的基点。

"复制"：用于在拉伸对象的同时复制对象。

"放弃"：用于取消上次的操作。

"退出"：退出夹点拉伸对象的操作。

3）移动到如图 2-7c 所示的目标位置时，单击鼠标左键，即可把夹点拉伸到需要位置，如图 2-7d 所示。

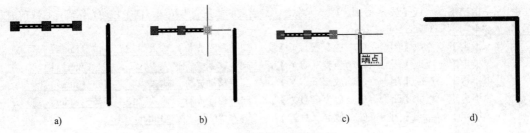

图 2-7　夹点拉伸对象示例

a) 选取要拉伸的对象　b) 选择要移动的夹点　c) 移动到目标位置　d) 拉伸效果

5. 相对直角坐标输入法

形式：@X，Y

含义：X(Y) ——输入点相对于前一输入点在 X(Y) 方向上的增量。

注：X 坐标向右为正，向左为负；Y 坐标向上为正，向下为负。

如图 2-8 所示，如果 A 点为前一点，则 B
点的相对坐标为"@40,30"；如果 B 为前一点，
则 A 点的相对坐标为"@-40,-30"。

6. 删除命令

该命令可以删除指定的对象。

（1）输入命令

输入命令可以采用下列方法之一：

工具栏：单击"修改"工具栏"删除"按
钮 。

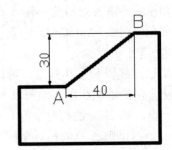

图 2-8　用相对直角坐标输入法输入尺寸示例

菜单栏：选取"修改"菜单→"删除"命令。

命令行：键盘输入"ERASE"。

键盘：〈Del〉。

（2）操作格式

执行上面的命令之一，则系统提示如下：

> 选择对象：（选择所要删除的对象）。
> 选择对象：（按〈Enter〉键或继续选择对象）。
> 结束删除命令。

2.1.3　知识拓展

1. 综合运用直线距离和相对直角坐标输入法

综合运用直线距离输入法和相对直角坐标输入法完成图 2-9 的绘制。

（1）绘制外框

单击"绘图"工具栏上的"直线"按钮 ，或单击菜单项"绘图"→ "直线"命令,按
AutoCAD 提示：

指定第一点：（输入起始点）（用鼠标在绘图区任意位置拾取一点 A）。

指定下一点或【放弃（U）】：（向上移动光标，输入"44"，按〈Enter〉键）。

指定下一点或【闭合（C）/放弃（U）】：（向右移动光标，输入"77"，按〈Enter〉键）。

指定下一点或【闭合（C）/放弃（U）】：（向下移动光标，输入"34"，按〈Enter〉键）。

指定下一点或【闭合（C）/放弃（U）】：（向左移动光标，输入"47"，按〈Enter〉键）

指定下一点或【闭合（C）/放弃（U）】：（向下移动光标，输入"10"，按〈Enter〉键）。

指定下一点或【闭合（C）/放弃（U）】：（输入"C"，按〈Enter〉键）。

注： 绘图中状态栏上的"正交"必须处于打开状态

（2）绘制内框

1）单击"绘图"工具栏上的"直线"按钮，或单击菜单项"绘图"→"直线"命令，按 AutoCAD 提示：

指定第一点：（拾取 A 点，绘图中状态栏上的"对象捕捉"须处于打开状态）。

指定下一点或【放弃（U）】：（输入"@10,6"确定 B 点，按〈Enter〉键）

指定下一点或【闭合（C）/放弃（U）】：（向上移动光标，输入"34"，按〈Enter〉键）。

指定下一点或【闭合（C）/放弃（U）】：（向右移动光标，输入"15"，按〈Enter〉键）。

指定下一点或【闭合（C）/放弃（U）】：（向下移动光标，输入"5"，按〈Enter〉键）。

指定下一点或【闭合（C）/放弃（U）】：（向右移动光标，输入"35"，按〈Enter〉键）。

指定下一点或【闭合（C）/放弃（U）】：（向上移动光标，输入"5"，按〈Enter〉键）。

指定下一点或【闭合（C）/放弃（U）】：（向右移动光标，输入"12"，按〈Enter〉键）。

指定下一点或【闭合（C）/放弃（U）】：（向下移动光标，输入"24"，按〈Enter〉键）。

指定下一点或【闭合（C）/放弃（U）】：（向左移动光标，输入"12"，按〈Enter〉键）。

指定下一点或【闭合（C）/放弃（U）】：（向上移动光标，输入"5"，按〈Enter〉键）。

指定下一点或【闭合（C）/放弃（U）】：（向左移动光标，输入"35"，按〈Enter〉键）。

指定下一点或【闭合（C）/放弃（U）】：（向下移动光标，输入"15"，按〈Enter〉键）。

指定下一点或【闭合（C）/放弃（U）】：（向左移动光标，输入"15"，按〈Enter〉键）。

指定下一点或【闭合（C）/放弃（U）】：（按〈Enter〉键或〈Esc〉键）。

2）选取 AB 线段，删除直线，完成图 2-9 的绘制。

2．综合运用相对极坐标输入法与夹点拉伸功能

综合运用相对极坐标输入法与夹点拉伸功能完成图 2-10 的绘制。

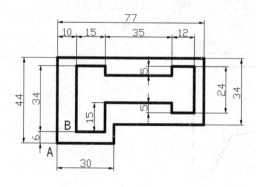

图 2-9　拓展练习图一

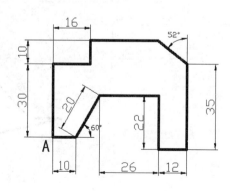

图 2-10　拓展练习图二

1）单击"绘图"工具栏上的"直线"按钮，或单击菜单项"绘图"→"直线"命令，按 AutoCAD 提示：

> 指定第一点：（输入起始点）（用鼠标在绘图区任意位置拾取点 A）。
> 指定下一点或【放弃（U）】：（向上移动光标，输入"30"，按〈Enter〉键）。
> 指定下一点或【闭合（C）/放弃（U）】：（向右移动光标，输入"16"，按〈Enter〉键）。
> 指定下一点或【闭合（C）/放弃（U）】：（向上移动光标，输入"10"，按〈Enter〉键）。
> 指定下一点或【闭合（C）/放弃（U）】：（向右移动光标，输入"40"，按〈Enter〉键，此相对长度可任意指定）。
> 指定下一点或【闭合（C）/放弃（U）】：（按〈Enter〉键或〈Esc〉键）。
> （按空格键或〈Enter〉键，重复直线命令操作）
> 指定第一点：（拾取 A 点，绘图中状态栏上的"对象捕捉"须处于打开状态）。
> 指定下一点或【放弃（U）】：（向右移动光标，输入"10"，按〈Enter〉键）。
> 指定下一点或【闭合（C）/放弃（U）】：（输入"@20<60"，按〈Enter〉键）。
> 指定下一点或【闭合（C）/放弃（U）】：（向右移动光标，输入"26"，按〈Enter〉键）。
> 指定下一点或【闭合（C）/放弃（U）】：（向下移动光标，输入"22"，按〈Enter〉键）。
> 指定下一点或【闭合（C）/放弃（U）】：（向右移动光标，输入"12"，按〈Enter〉键）。
> 指定下一点或【闭合（C）/放弃（U）】：（向上移动光标，输入"35"，按〈Enter〉键）。
> 指定下一点或【闭合（C）/放弃（U）】：（输入"@30<142"，按〈Enter〉键，此相对长度可任意指定）。

2）运用夹点缩短多余线段，完成图 2-10 的绘制。

2.1.4 课后练习

绘制如图 2-11 所示平面图形。

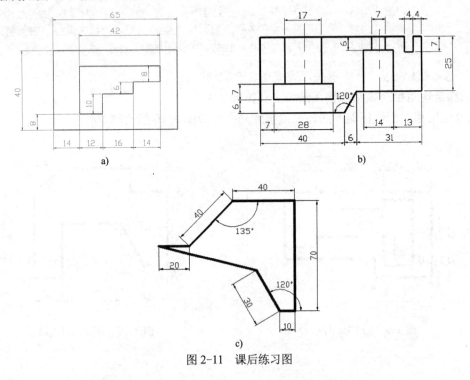

a)

b)

c)

图 2-11 课后练习图

任务 2.2 绘制平面图形（二）——学习对象捕捉及圆、修剪和偏移命令

本任务将以绘制如图 2-12 所示的平面图形（二），说明对象捕捉、圆、修剪和偏移命令的使用。

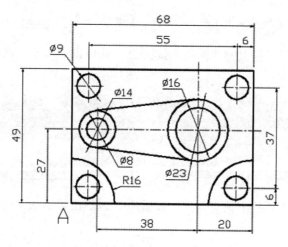

图 2-12 平面图形（二）

2.2.1 任务学习

1．绘制矩形框

单击"绘图"工具栏上的"直线"按钮 ✎ ，按 AutoCAD 提示：

> 指定第一点：（输入起始点）（用鼠标在绘图区任意位置确定一点 A）。
> 指定下一点或【放弃（U）】：（激活状态栏上的"正交"按钮 ⬛ ，向上移动光标确定直线前进方向，输入"49"，按〈Enter〉键）。
> 指定下一点或【闭合（C）/放弃（U）】：（向右移动光标，输入"68"，按〈Enter〉键）。
> 指定下一点或【闭合（C）/放弃（U）】：（向下移动光标输入"49"，按〈Enter〉键）。
> 指定下一点或【闭合（C）/放弃（U）】：（输入"C"，按〈Enter〉键）。

完成矩形框的绘制。

2．确定圆心位置

（1）确定 φ9 圆心位置

1）单击"修改"工具栏上的"偏移"按钮 ⬛ ，或单击菜单项"修改"→"偏移"命令，按 AutoCAD 提示（偏移命令）：

> 指定偏移距离或[通过（T）/删除（E）/图层（L）]<1.0000>：（输入"6"，按〈Enter〉键）。
> 指定要偏移的对象，或[退出（E）/放弃（U）]<退出>：（单击鼠标左键，选取矩形框下侧直线）。
> 指定要偏移的那一侧上的点，或[退出（E）/多个（M）/放弃（U）] <退出>：（光标向上移动，单击鼠标左键）。
> 指定要偏移的对象，或[退出（E）/放弃（U）]<退出>：（按〈Enter〉键或〈Esc〉键）。

2）单击"修改"工具栏上的"偏移"按钮 ⬛ ，或单击菜单项"修改"→"偏移"命令，

27

按 AutoCAD 提示：

指定偏移距离或[通过（T）/删除（E）/图层（L）]<1.0000>：（输入"37"，按〈Enter〉键）。
指定要偏移的对象，或[退出（E）/放弃（U）]<退出>：（单击鼠标左键，选取上一条直线）。
指定要偏移的那一侧上的点，或[退出（E）/多个（M）/放弃（U）]<退出>：（光标向上移动，单击鼠标左键）。
指定要偏移的对象，或[退出（E）/放弃（U）]<退出>：（按〈Enter〉键或〈Esc〉键）。

3）单击"修改"工具栏上的"偏移"按钮，或单击菜单项"修改"→"偏移"命令，按 AutoCAD 提示：

指定偏移距离或[通过（T）/删除（E）/图层（L）]<1.0000>：（输入"6"，按〈Enter〉键）。
指定要偏移的对象，或[退出（E）/放弃（U）]<退出>：（单击鼠标左键，选取左侧直线）。
指定要偏移的那一侧上的点，或[退出（E）/多个（M）/放弃（U）]<退出>：（光标向右移动，单击鼠标左键）。
指定要偏移的对象，或[退出（E）/放弃（U）]<退出>：（按〈Enter〉键或〈Esc〉键）。

4）单击"修改"工具栏上的"偏移"按钮，或单击菜单项"修改"→"偏移"命令，按 AutoCAD 提示：

指定偏移距离或[通过（T）/删除（E）/图层（L）]<1.0000>：（输入"55"，按〈Enter〉键）。
指定要偏移的对象，或[退出（E）/放弃（U）]<退出>：（单击鼠标左键，选取上一条直线）。
指定要偏移的那一侧上的点，或[退出（E）/多个（M）/放弃（U）]<退出>：（光标向右移动，单击鼠标左键）。
指定要偏移的对象，或[退出（E）/放弃（U）]<退出>：（按〈Enter〉键或〈Esc〉键）。

完成 $\phi 9$ 圆心位置的确定，如图 2-13a 所示。

（2）确定 $\phi 16$、$\phi 14$、$\phi 8$ 和 $\phi 23$ 圆心位置

1）单击"修改"工具栏上的"偏移"按钮，或单击菜单项"修改"→"偏移"命令，按 AutoCAD 提示：

指定偏移距离或[通过（T）/删除（E）/图层（L）]<1.0000>：（输入"27"，按〈Enter〉键）。
指定要偏移的对象，或[退出（E）/放弃（U）]<退出>：（单击鼠标左键，选取矩形框下侧直线）。
指定要偏移的那一侧上的点，或[退出（E）/多个（M）/放弃（U）]<退出>：（光标向上移动，单击鼠标左键）。
指定要偏移的对象，或[退出（E）/放弃（U）]<退出>：（按〈Enter〉键或〈Esc〉键）。

2）单击"修改"工具栏上的"偏移"按钮，或单击菜单项"修改"→"偏移"命令，按 AutoCAD 提示：

指定偏移距离或[通过（T）/删除（E）/图层（L）]<1.0000>：（输入"20"，按〈Enter〉键）。
指定要偏移的对象，或[退出（E）/放弃（U）]<退出>：（单击鼠标左键，选取矩形框右侧直线）。
指定要偏移的那一侧上的点，或[退出（E）/多个（M）/放弃（U）]<退出>：（光标向左移动，单击鼠标左键）。
指定要偏移的对象，或[退出（E）/放弃（U）]<退出>：（按〈Enter〉键或〈Esc〉键）。

3）单击"修改"工具栏上的"偏移"按钮，或单击菜单项"修改"→"偏移"命令，

按 AutoCAD 提示：

> 指定偏移距离或[通过（T）/删除（E）/图层（L）]<1.0000>：（输入"38"，按〈Enter〉键）。
> 指定要偏移的对象，或[退出（E）/放弃（U）]<退出>：（单击鼠标左键，选取上一条直线）。
> 指定要偏移的那一侧上的点，或[退出（E）/多个（M）/放弃（U）]<退出>：（光标向左移动，单击鼠标左键）。
> 指定要偏移的对象，或[退出（E）/放弃（U）]<退出>：（按〈Enter〉键或〈Esc〉键）。

完成 $\phi16$、$\phi14$、$\phi8$ 和 $\phi23$ 圆心位置的确定，如图 2-13b 所示。

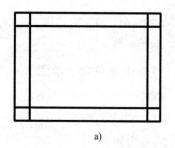
a)

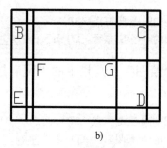
b)

图 2-13　确定圆心位置

a) $\phi9$ 圆心位置的确定　b) $\phi16$、$\phi14$、$\phi8$ 和 $\phi23$ 圆心位置的确定

3．绘制圆

（1）绘制 $\phi9$ 圆

1）单击"绘图"工具栏上的"圆"按钮⊘，或单击菜单项"绘图"→"圆"命令按 AutoCAD 提示（圆命令）：

> 指定圆的圆心或[三点（3P）/两点（2P）/相切、相切、半径（T）]：　（拾取 B 点，并确定状态栏上的☐"对象捕捉"处于打开状态）。
> 指定圆的半径或[直径（D）]：（输入"4.5"，按〈Enter〉键）。

2）单击"绘图"工具栏上的"圆"按钮⊘，或单击菜单项"绘图"→"圆"命令按 AutoCAD 提示：

> 指定圆的圆心或[三点（3P）/两点（2P）/相切、相切、半径（T）]：（拾取 C 点）。
> 指定圆的半径或[直径（D）]：（输入"4.5"，按〈Enter〉键）。

3）单击"绘图"工具栏上的"圆"按钮⊘，或单击菜单项"绘图"→"圆"命令按 AutoCAD 提示：

> 指定圆的圆心或[三点（3P）/两点（2P）/相切、相切、半径（T）]：（拾取 D 点）。
> 指定圆的半径或[直径（D）]：（输入"4.5"，按〈Enter〉键）。

4）单击"绘图"工具栏上的"圆"按钮⊘，或单击菜单项"绘图"→"圆"命令按 AutoCAD 提示：

> 指定圆的圆心或[三点（3P）/两点（2P）/相切、相切、半径（T）]：（拾取 E 点）。
> 指定圆的半径或[直径（D）]：（输入"4.5"，按〈Enter〉键）。

（2）绘制 $\phi16$、$\phi14$、$\phi8$ 和 $\phi23$ 圆

1）单击"绘图"工具栏上的"圆"按钮 ⊙，或单击菜单项"绘图"→"圆"命令按 AutoCAD 提示：

> 指定圆的圆心或[三点（3P）/两点（2P）/相切、相切、半径（T）]：（拾取 F 点）。
> 指定圆的半径或[直径（D）]：（输入"7"，按〈Enter〉键）。

2）单击"绘图"工具栏上的"圆"按钮 ⊙，或单击菜单项"绘图"→"圆"命令按 AutoCAD 提示：

> 指定圆的圆心或[三点（3P）/两点（2P）/相切、相切、半径（T）]：（拾取 F 点）。
> 指定圆的半径或[直径（D）]：（输入"4"，按〈Enter〉键）。

3）单击"绘图"工具栏上的"圆"按钮 ⊙，或单击菜单项"绘图"→"圆"命令按 AutoCAD 提示：

> 指定圆的圆心或[三点（3P）/两点（2P）/相切、相切、半径（T）]：（拾取 G 点）。
> 指定圆的半径或[直径（D）]：（输入"8"，按〈Enter〉键）。

4）单击"绘图"工具栏上的"圆"按钮 ⊙，或单击菜单项"绘图"→"圆"命令按 AutoCAD 提示：

> 指定圆的圆心或[三点（3P）/两点（2P）/相切、相切、半径（T）]：（拾取 G 点）。
> 指定圆的半径或[直径（D）]：（输入"11.5"，按〈Enter〉键）。

完成圆的绘制，如图 2-14 所示。

4. 绘制 R16 圆弧

1）单击"绘图"工具栏上的"圆"按钮 ⊙，或单击菜单项"绘图"→"圆"命令，按 AutoCAD 提示：

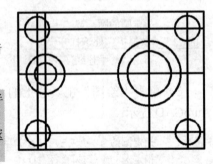

> 指定圆的圆心或[三点（3P）/两点（2P）/相切、相切、半径（T）]：（拾取矩形框左下角交点）。
> 指定圆的半径或[直径（D）]：（输入"16"，按〈Enter〉键）。

图 2-14　圆的绘制

2）单击"绘图"工具栏上的"圆"按钮 ⊙，或单击菜单项"绘图"→"圆"命令按 AutoCAD 提示：

> 指定圆的圆心或[三点（3P）/两点（2P）/相切、相切、半径（T）]：（拾取矩形框右下角交点）。
> 指定圆的半径或[直径（D）]：（输入"16"，按〈Enter〉键）。

3）单击"修改"工具栏上的"修剪"按钮 ⊬，或单击菜单项"修改"→"修剪"命令按 AutoCAD 提示（修剪命令）：

> 选择对象或<全部选择>：（选取矩形框左侧边与下侧边，按〈Enter〉键）。
> 选择要修剪的对象，或按住〈Shift〉键选择要延伸的对象，或[栏选（F）/窗交（C）/投影（P）/边（E）/删除（R）/放弃（U）]：（选取要剪切的圆弧如图 2-15a 所示，按〈Enter〉键或〈Esc〉键）。

4）单击"修改"工具栏上的"修剪"按钮，或单击菜单项"修改"→"修剪"命令
按 AutoCAD 提示：

选择对象或<全部选择>：（选取矩形框右侧边与下侧边，按〈Enter〉键）。
选择要修剪的对象，或按住〈Shift〉键选择要延伸的对象，或[栏选（F）/窗交（C）/投影（P）/
边（E）/删除（R）/放弃（U）]：（选取要剪切的圆弧如图 2-15b 所示，按〈Enter〉键或〈Esc〉键）。

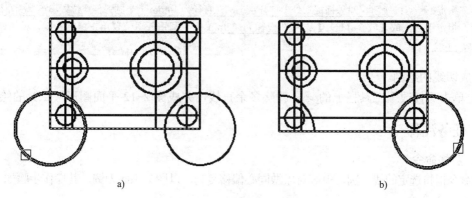

a)   b)

图 2-15   修剪 R16 圆弧

a) 选取第一个要剪切的圆弧   b) 选取第二个要剪切的圆弧

完成 R16 圆弧的绘制。

5．切线的绘制

右击状态栏上的"对象捕捉"按钮，弹出快捷菜单，如图 2-16 所示。单击"设置"，
弹出对话框，选择"全部清除"，仅选中"切点"对象捕捉模式，如图 2-17 所示。单击"确
定"，退出对象捕捉的设置（对象捕捉设置）。

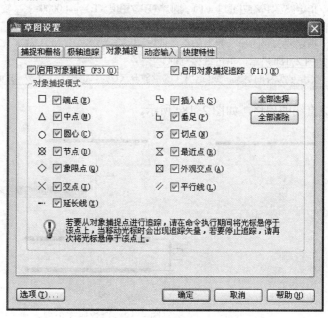

图 2-16   快捷菜单   图 2-17   对象捕捉设置对话框

1）单击"绘图"工具栏上的"直线"按钮 ，按 AutoCAD 提示：

指定第一点：（ "对象捕捉"处于打开状态，在直径为 14mm 上半圆弧任意位置单击鼠标左键）。
指定下一点或【放弃（U）】：（在直径为 23mm 上半圆弧任意位置单击鼠标左键，按〈Enter〉键或〈Esc〉键）。
（按空格键或〈Enter〉键，重复直线命令操作）。
指定第一点：（ "对象捕捉"处于打开状态，在直径为14mm 下半圆弧任意位置单击鼠标左键）。
指定下一点或【放弃（U）】：（在直径为 23mm 下半圆弧任意位置单击鼠标左键，按〈Enter〉键或〈Esc〉键）。

完成切线的绘制。

2）单击"修改"工具栏上的 ，删除多余直线，完成图 2-12 平面图形（二）的绘制。

2.2.2 任务注释

1. 偏移命令

该命令指将选定的线、圆、弧等对象做同心偏移复制，以图 2-18a 为例，其操作步骤如下。

（1）输入命令

输入命令可以采用下列方法之一：

工具栏：单击"修改"工具栏"偏移"按钮 。

菜单栏：选取"修改"菜单→"偏移"命令。

命令行：键盘输入"OFFSET"或"O"。

（2）操作格式

执行上面命令之一，系统提示如下：

指定偏移距离或[通过（T）/删除（E）/图层（L）]<1.0000>：（输入"10"，按〈Enter〉键）。
指定要偏移的对象，或[退出（E）/放弃（U）]<退出>：（单击鼠标左键，选取直线）。
指定要偏移的那一侧上的点，或[退出（E）/多个（M）/放弃（U）]<退出>：（光标移动到偏移的一侧，如图 2-18b 所示，单击鼠标左键）。
指定要偏移的对象，或[退出（E）/放弃（U）]<退出>：（按〈Enter〉键或〈Esc〉键，结束命令）。

完成直线的偏移，如图 2-18c 所示。

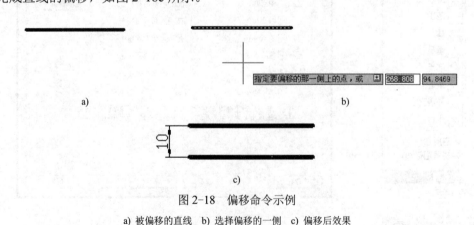

a)   b)

c)

图 2-18 偏移命令示例

a) 被偏移的直线   b) 选择偏移的一侧   c) 偏移后效果

（3）说明

在偏移命令使用中，若过一点作某直线的平行线时，以图 2-19a 为例，将操作如下：
单击"修改"工具栏上的"偏移"按钮，按 AutoCAD 提示：

> 指定偏移距离或[通过（T）/删除（E）/图层（L）]<1.0000>：（输入"T"，按〈Enter〉键）。
> 指定要偏移的对象，或[退出（E）/放弃（U）]<退出>：（单击鼠标左键，选取直线）。
> 指定通过点或[退出（E）/多个（M）/放弃（U）]：（拾取 M 点）。
> 指定要偏移的对象，或[退出（E）/放弃（U）]<退出>：（按〈Enter〉键或〈Esc〉键）。

完成直线的偏移，如图 2-19 所示。

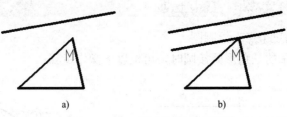

a)   b)

图 2-19　通过点方式偏移示例

a) 偏移前　b) 偏移效果

2．圆命令

该命令用于绘制圆。以图 2-20 所示为例，其操作步骤如下：

（1）输入命令

输入命令可以采用下列方法之一：

工具栏：单击"绘制"工具栏"圆"按钮。

菜单栏：选取"绘制"菜单→"圆"命令。

命令行：键盘输入"C"。

（2）操作格式

> 指定圆的圆心或[三点（3P）/两点（2P）/相切、相切、半径（T）]：（用鼠标在绘图区任意位置拾取一点）。
> 指定圆的半径或[直径（D）]：（输入"16"，按〈Enter〉键）。

（3）说明

在 AutoCAD 中，绘制圆除了"圆心、半径"绘制方法外，还提供了其他 5 种绘制方式，如图 2-21 所示。

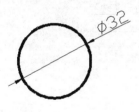

⊙ 圆心、半径(R)		◆指定圆心、直径
⊙ 圆心、直径(D)		◆指定直径的两个端点
○ 两点(2)		◆指定圆上的三个点
○ 三点(3)		◆相切、相切、相切
⊙ 相切、相切、半径(T)		◆相切、相切和半径
⊙ 相切、相切、相切(A)		

图 2-20　绘制圆示例　　　　　　　　　　图 2-21　绘制圆的几种方式

（4）指定"圆心、直径"绘制圆

仍以图 2-20 例，在系统提示"指定圆的半径或[直径（D）]"时，<u>（输入"D"，按〈Enter〉键）</u>。
指定圆的直径：<u>（输入"32"，按〈Enter〉键）</u>。

（5）指定"直径的两个端点"绘制圆
如果绘制如图 2-22 所示圆时，可按以下操作步骤：
单击工具栏"圆"按钮 ⊙，按 AutoCAD 提示：

指定圆的圆心或[三点（3P）/两点（2P）/相切、相切、半径（T）]：<u>（输入"2P"，按〈Enter〉键）</u>。
指定圆直径的第一个端点：<u>（拾取 A 点）</u>。
指定圆直径的另一个端点：<u>（拾取 B 点）</u>。

（6）指定"圆上的三个点"绘制圆
绘制如图 2-23 所示的三角形外接圆时，可按以下操作步骤：

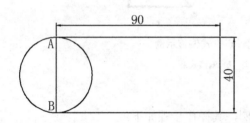

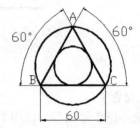

图 2-22　指定"直径的两个端点"绘制圆示例　　　图 2-23　绘制外接圆与内切圆示例

单击工具栏"圆"按钮 ⊙，按 AutoCAD 提示：

指定圆的圆心或[三点（3P）/两点（2P）/相切、相切、半径（T）]：<u>（输入"3P"，按〈Enter〉键）</u>。
指定圆上第一个点：<u>（□"对象捕捉"处于打开状态，单击鼠标左键，拾取 A 点）</u>。
指定圆上第二个点：<u>（单击鼠标左键，拾取 B 点）</u>。
指定圆上第三个点：<u>（单击鼠标左键，拾取 C 点）</u>。

（7）相切、相切、相切
继续绘制图 2-23 示三角形内切圆时，可按以下操作步骤：
单击菜单项"绘图"→"圆"命令 →"相切、相切、相切"，按 AutoCAD 提示：

指定圆的圆心或[三点（3P）/两点（2P）/相切、相切、半径（T）]：_3p 指定圆上的第一个点：
_tan 到：<u>（□"对象捕捉"处于打开状态，单击鼠标左键，拾取三角形的一边）</u>。
指定圆上的第二个点：_tan 到：<u>（单击鼠标左键，拾取三角形的另一条边）</u>。
指定圆上的第二个点：_tan 到：<u>（单击鼠标左键，拾取三角形的第三条边）</u>。

（8）相切、相切和半径
绘制图 2-24 所示圆时，可按以下操作步骤：
单击工具栏"圆"按钮 ⊙，按 AutoCAD 提示：

指定圆的圆心或[三点（3P）/两点（2P）/相切、相切、半径（T）]：<u>（输入"T"，按〈Enter〉键）</u>。

3．修剪命令

该命令将对象修剪到指定的边界。下面以图2-25a为例。

（1）输入命令

输入命令可以采用下列方法之一：

工具栏：单击"修改"工具栏"修剪"按钮┼。

菜单栏：选取"修改"菜单→"修剪"命令。

命令行：键盘输入"OFFSET"。

（2）操作格式

执行上面命令之一，系统提示如下：

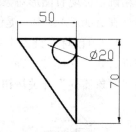

图2-24 "相切、相切和半径"
绘制圆示例

完成图形的修剪如图2-25b所示。

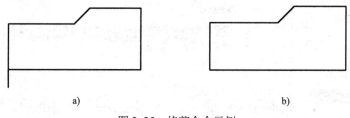

a)   b)

图2-25 修剪命令示例

a) 修剪前 b) 修剪后

注：若图面上要修剪的线很多，如图2-26所示，则可按如下操作：

单击"修改"工具栏"修剪"按钮┼，按AutoCAD提示：

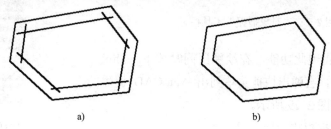

a)   b)

图2-26 修剪多条线段示例

a) 修剪对象前 b) 修剪对象后

4. 对象捕捉

在 AutoCAD 绘图中，经常要用到一些特殊点，如：圆心、切点、线段的端点和中点等，如果要用光标在图形上选择，要准确地找到这些点是十分困难的。利用对象捕捉功能可以精确定位现有图形对象的这些点，从而达到准确绘图的效果。

在 AutoCAD 中，提供了 3 种执行对象捕捉的方法。

1) 用鼠标右键点击状态栏上的"对象捕捉"开关按钮▢，在弹出的菜单中选择需要的捕捉方式，如图 2-27a，也可选择设置，利用弹出的对象捕捉选项卡进行捕捉设置，之后保持"对象捕捉"开关按钮▢开启，如图 2-27b 所示。

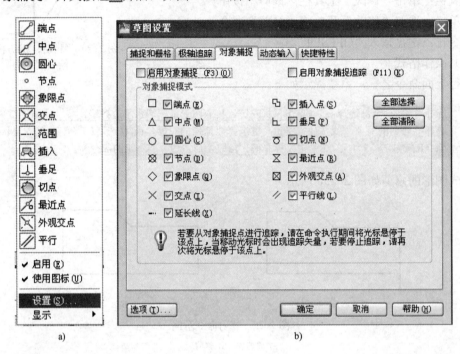

图 2-27 "对象捕捉"选项卡

2) 使用图 2-28 所示的"对象捕捉"工具栏，鼠标按某个按钮，将对应执行该对象捕捉功能。

图 2-28 "对象捕捉"工具栏

3) 快捷菜单实现此功能，在绘图区同时按下〈Shift〉键和单击鼠标右键，会弹出快捷菜单列出 AutoCAD 提供的对象捕捉模式，如图 2-29 所示。

下表为部分捕捉模式功能介绍。

图 2-29 "对象捕捉"的快捷菜单

对象捕捉模式功能表

捕 捉 模 式	快 捷 命 令	功　　　能
临时追踪点	TT	建立临时追踪点
两点之间的中点	M2P	捕捉两个独立点之间的中点
捕捉自	FROM	与其他捕捉方式配合使用建立一个临时参考点，作为后续点的基点
端点	ENDP	用来捕捉对象（如直线或圆弧）的端点
中点	MID	用来捕捉对象（如直线或圆弧）的中点
圆心	CEN	用来捕捉圆或圆弧的圆心
节点	NOD	捕捉用 POINT/DIVIDE 等命令生成的点
象限点	QUA	用来捕捉距光标最近的或圆弧上可见部分的象限点，即圆周上 0°、90°、180°、270° 位置上的点
交点	INT	用来捕捉对象（如：直线、圆弧或圆）的交点
延长线	EXT	用来捕捉对象延长路径上的点
插入点	INS	用来捕捉块、形、文字、属性或属性定义等对象的插入点
垂足	PER	在线段、圆、圆弧或它们的延长线上捕捉一个点，使之与最后生成的点的连线与该线段、圆或圆弧正交
切点	TAN	最后生成的一个点到选中圆弧或圆上引切线的切点位置
最近点	NEA	用于捕捉距离拾取点最近的线段、圆、圆弧等对象上的点
外观交点	APP	用来捕捉两个对象在视图平面上的交点。若两个对象没有直接交点，系统将自动计算出延长后的交点。
平行线	PAR	用于捕捉与指定对象平行方向的点
无	NON	关闭对象捕捉功能
对象捕捉设置	OSNAP	设置对象捕捉

2.2.3　知识拓展

1．综合运用圆和偏移命令

综合运用圆命令、偏移命令完成图 2-30 的绘制。

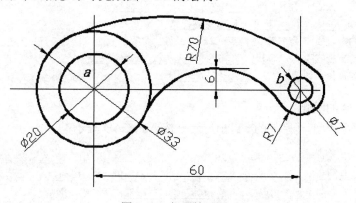

图 2-30　拓展练习图一

（1）确定 $\phi20$、$\phi33$、$\phi7$ 和 $R7$ 圆心位置

1）单击"绘图"工具栏上的"直线"按钮，按 AutoCAD 提示：

指定第一点：（输入起始点）（用鼠标在绘图区任意位置拾取一点）。

指定下一点或【放弃（U）】：（单击状态栏上的"正交"按钮 ，向右移动光标确定直线前进方向，取任意长度，单击鼠标左键）。

指定下一点或【闭合（C）/放弃（U）】：（按〈Enter〉键或〈Esc〉键）。

（按空格键或〈Enter〉键，重复直线命令操作）

指定第一点：（输入起始点）（用鼠标在已画的直线上方任意位置拾取一点）。

指定下一点或【放弃（U）】：（向下移动光标确定直线前进方向，取任意长度，单击鼠标左键）。

两直线的交点即为图 2-30 所示点 *a*。

2）单击"修改"工具栏上的"偏移"按钮 ，或单击菜单项"修改"→"偏移"命令，按 AutoCAD 提示：

指定偏移距离或[通过（T）/删除（E）/图层（L）]<1.0000>：（输入"60"，按〈Enter〉键）。

指定要偏移的对象，或[退出（E）/放弃（U）]<退出>：（单击鼠标左键，选取竖直直线）。

指定要偏移的那一侧上的点，或[退出（E）/多个（M）/放弃（U）] <退出>：（光标向右移动，单击鼠标左键）。

指定要偏移的对象，或[退出（E）/放弃（U）]<退出>：（按〈Enter〉键或〈Esc〉键）。

该直线与水平直线的交点为点 *b*。

3）单击"绘图"工具栏上的"圆"按钮 ，命令按 AutoCAD 提示：

指定圆的圆心或[三点（3P）/两点（2P）/相切、相切、半径（T）]：（拾取 *a* 点，绘图中状态栏上的 "对象捕捉"须处于打开状态）。

指定圆的半径或[直径（D）]：（输入"10"，按〈Enter〉键）。

（按空格键或〈Enter〉键，重复圆命令操作）

指定圆的圆心或[三点（3P）/两点（2P）/相切、相切、半径（T）]：（拾取 *a* 点）。

指定圆的半径或[直径（D）]：（输入"D"，按〈Enter〉键）。

指定圆的直径：（输入"33"，按〈Enter〉键）。

（按空格键或〈Enter〉键，重复圆命令操作）

指定圆的圆心或[三点（3P）/两点（2P）/相切、相切、半径（T）]：（拾取 *b* 点）

指定圆的半径或[直径（D）]：（输入"7"，按〈Enter〉键）

（按空格键或〈Enter〉键，重复圆命令操作）

指定圆的圆心或[三点（3P）/两点（2P）/相切、相切、半径（T）]：（拾取 *b* 点）。

指定圆的半径或[直径（D）]：（输入"D"，按〈Enter〉键）。

指定圆的直径：（输入"7"，按〈Enter〉键）。

（2）绘制 R70 的圆弧

1）单击"绘图"工具栏上的 (圆)，命令按 AutoCAD 提示：

指定圆的圆心或[三点（3P）/两点（2P）/相切、相切、半径（T）]：（输入"T"，按〈Enter〉键）。

指定对象与圆的第一个切点：（单击鼠标左键，拾取左侧直径为 33 的圆，如图 2-31a 所示）。

指定对象与圆的第二个切点：（单击鼠标左键，拾取右侧半径为 7 的圆，如图 2-31b 所示）。

指定圆的半径<当前值>：（输入"70"，按〈Enter〉键）。

绘制的圆如图 2-31c 所示。

2）单击"修改"工具栏"修剪"按钮 ，按 AutoCAD 提示：

选择对象或<全部选择>：（选择直径 33、半径 7 的圆，按〈Enter〉键）。

选择要修剪的对象，或按住〈Shift〉键选择要延伸的对象，或[栏选（F）/窗交（C）/投影（P）/边（E）/删除（R）/放弃（U）]：（单击鼠标左键，依次拾取图形中要删除的部分）。

按空格键，完成 R70 圆弧的绘制，如图 2-31d 所示。

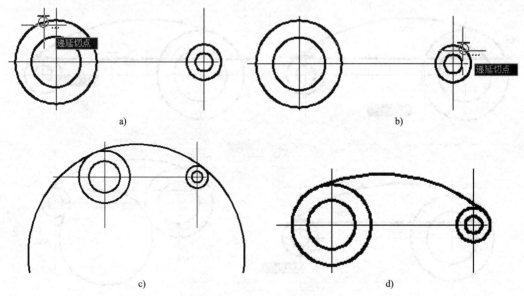

图 2-31 R70 圆弧的绘制

a）指定对象与圆的第一个切点 b）指定对象与圆的第二个切点 c）生成圆 d）修剪后的圆弧

（3）绘制连接圆弧

1）单击工具栏上的"偏移"按钮⟳，或单击菜单项"修改"→"偏移"命令,按 AutoCAD 提示：

指定偏移距离或[通过（T）/删除（E）/图层（L）]<1.0000>：（输入"6"，按〈Enter〉键）。
指定要偏移的对象，或[退出（E）/放弃（U）]<退出>：（单击鼠标左键，选取水平直线）。
指定要偏移的那一侧上的点，或[退出（E）/多个（M）/放弃（U）] <退出>：（光标向上移动，单击鼠标左键）。
指定要偏移的对象，或[退出（E）/放弃（U）]<退出>：（按〈Enter〉键或〈Esc〉键）

单击菜单栏上的绘图→圆→相切、相切、相切命令，命令按 AutoCAD 提示：

"_circle"指定圆的圆心或[三点（3P）/两点（2P）/相切、相切、半径（T）]:_3p 指定圆上的第一个点："_tan"到：（保证 □"对象捕捉"处于打开状态，单击鼠标左键，拾取直径为 33 的圆，如图 2-32a 所示）。
指定圆上的第二个点："_tan"到：（单击鼠标左键，拾取偏移的直线，如图 2-32b 所示）。
指定圆上的第二个点："_tan"到：（单击鼠标左键，拾取半径为 7 的圆，如图 2-32c 所示）

绘制的圆如图 2-32d 所示。

2）单击"修改"工具栏"修剪"按钮⺀，按 AutoCAD 提示：

选择对象或<全部选择>：（按〈Enter〉键）。
选择要修剪的对象，或按住〈Shift〉键选择要延伸的对象，或[栏选（F）/窗交（C）/投影（P）/

边（E）/删除（R）/放弃（U）]：（单击鼠标左键，依次拾取图形中要删除的部分）。

完成连接圆弧的绘制。

3）利用删除命令去掉多余的线条，完成扩展图形 2-30 的绘制。

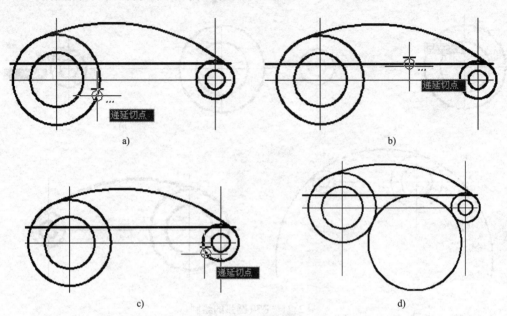

a)   b)

c)   d)

图 2-32   连接圆弧的绘制过程

a) 指定圆上的第一个点   b) 指定圆上的第二个点   c) 指定圆上的第三个点   d) "相切、相切、相切" 绘制的圆

2．综合运用圆和偏移命令及对象捕捉功能

综合运用圆命令、偏移命令和对象捕捉完成图 2-33 的绘制。

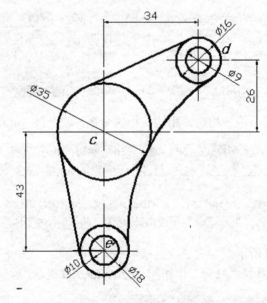

图 2-33   拓展练习图二

（1）确定 $\phi10$、$\phi35$ 和 $\phi16$ 圆心位置

1）单击"绘图"工具栏上的"直线"按钮 ，按 AutoCAD 提示：

指定第一点：（输入起始点）（用鼠标在绘图区任意位置拾取一点）。

指定下一点或【放弃（U）】：（单击状态栏上的"正交"按钮 ，向右移动光标确定直线前进方向，取任意长度，单击鼠标左键）。

指定下一点或【闭合（C）/放弃（U）】：（按〈Enter〉键或〈Esc〉键）。

（按空格键或〈Enter〉键，重复直线命令操作）

指定第一点：（输入起始点）（用鼠标在已画的直线上方任意位置拾取一点）。

指定下一点或【放弃（U）】：（向下移动光标确定直线前进方向，取任意长度，单击鼠标左键）。

两直线的交点即为图 2-33 所示点 c。

2）单击"修改"工具栏上的"偏移"按钮 ，或单击菜单项"修改"→"偏移"命令，按 AutoCAD 提示：

指定偏移距离或[通过（T）/删除（E）/图层（L）]<1.0000>：（输入"26"，按〈Enter〉键）。
指定要偏移的对象，或[退出（E）/放弃（U）]<退出>：（单击鼠标左键，选取水平直线）。
指定要偏移的那一侧上的点，或[退出（E）/多个（M）/放弃（U）] <退出>：（光标向上移动，单击鼠标左键）。

指定要偏移的对象，或[退出（E）/放弃（U）]<退出>：（按〈Enter〉键或〈Esc〉键）。
（按空格键或〈Enter〉键，重复偏移命令操作）

指定偏移距离或[通过（T）/删除（E）/图层（L）]<1.0000>：（输入"34"，按〈Enter〉键）。
指定要偏移的对象，或[退出（E）/放弃（U）]<退出>：（单击鼠标左键，选取竖直直线）。
指定要偏移的那一侧上的点，或[退出（E）/多个（M）/放弃（U）] <退出>：（光标向右移动，单击鼠标左键）。

指定要偏移的对象，或[退出（E）/放弃（U）]<退出>：（按〈Enter〉键或〈Esc〉键）。

两条直线的交点即为点 d。

（按空格键或〈Enter〉键，重复偏移命令操作）
指定偏移距离或[通过（T）/删除（E）/图层（L）]<1.0000>：（输入"43"，按〈Enter〉键）。
指定要偏移的对象，或[退出（E）/放弃（U）]<退出>：（单击鼠标左键，选取水平直线）。
指定要偏移的那一侧上的点，或[退出（E）/多个（M）/放弃（U）] <退出>：（光标向下移动，单击鼠标左键）。
指定要偏移的对象，或[退出（E）/放弃（U）]<退出>：（按〈Enter〉键或〈Esc〉键）。

两条直线的交点即为点 e。

3）单击工具栏上的"圆" ，命令按 AutoCAD 提示：

指定圆的圆心或[三点（3P）/两点（2P）/相切、相切、半径（T）]：（拾取 c 点，绘图中状态栏上的 "对象捕捉"须处于打开状态）。
指定圆的半径或[直径（D）]：（输入"D"，按〈Enter〉键）。
指定圆的直径：（输入"35"，按〈Enter〉键）。
（按空格键或〈Enter〉键，重复圆命令操作）

4）同样，利用圆命令完成 $\phi10$、$\phi18$、$\phi16$ 和 $\phi9$ 圆的绘制。

（2）绘制连接直线与圆弧

1）单击"绘图"工具栏上的"直线"按钮 ✎，按 AutoCAD 提示：

> 指定第一点：（输入起始点）（同时按下〈Shift〉键和单击鼠标右键，会弹出快捷菜单列出 AutoCAD 提供的对象捕捉模式如图 2-34 所示。选择"切点"，在直径为 18 圆弧任意位置单击鼠标左键，如图 2-35 所示）。
>
> 指定下一点或【放弃（U）】：（同时按下〈Shift〉键和单击鼠标右键，会弹出快捷菜单列出 AutoCAD 提供的对象捕捉模式。选择"切点"，在直径为 35 圆弧任意位置单击鼠标左键，如图 2-36 所示）。
>
> 指定下一点或【闭合（C）/放弃（U）】：（按〈Enter〉键或〈Esc〉键）。

2）同理绘制另一条切线，如图 2-37 所示。

图 2-34　"对象捕捉"快捷菜单

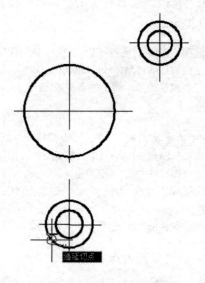

图 2-35　第一次捕捉切点

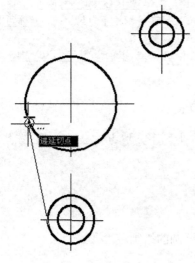

图 2-36　第二次捕捉切点

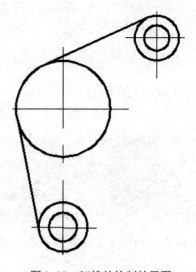

图 2-37　切线的绘制效果图

3）单击菜单栏上的绘图→圆→相切、相切、相切命令，按 AutoCAD 提示：

"_circle" 指定圆的圆心或[三点（3P）/两点（2P）/相切、相切、半径（T）]:_3p 指定圆上的第一个点："_tan" 到：（保证□"对象捕捉"处于打开状态，单击鼠标左键，拾取直径为 18 的圆）。
指定圆上的第二个点："_tan" 到：（单击鼠标左键，拾取半径为 35 的圆）。
指定圆上的第二个点："_tan" 到：（单击鼠标左键，拾取半径为 16 的圆）。

绘制的圆如图 2-38 所示。

4）单击"修改"工具栏"修剪"按钮，按 AutoCAD 提示：

选择对象或<全部选择>：（按〈Enter〉键）。
选择要修剪的对象，或按住〈Shift〉键选择要延伸的对象，或[栏选（F）/窗交（C）/投影（P）/边（E）/删除（R）/放弃（U）]：（单击鼠标左键，依次拾取图形中要删除的部分）。

完成连接圆弧的绘制。

5）利用删除命令去掉多余的线条，完成扩展图形 2-38 的绘制。

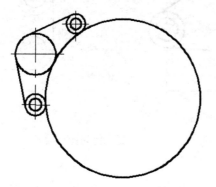

图 2-38　连接圆弧的绘制

2.2.4　课后练习

绘制如图 2-39 所示平面图形。

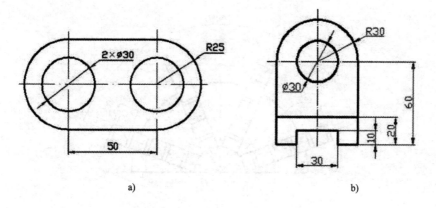

a)　　　　　　　　　　　　　b)

图 2-39　课后练习图

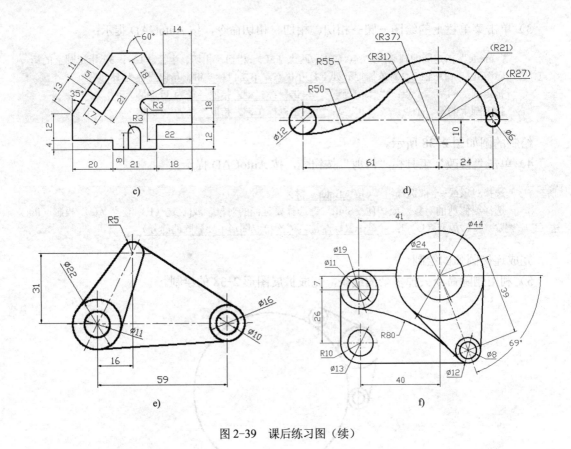

图 2-39　课后练习图（续）

任务 2.3　绘制平面图形（三）——学习阵列和旋转命令

利用阵列工具可以按照矩形或环形的方式，以定义的距离或角度复制出源对象的多个对象副本，利用旋转命令可以实现对象绕指定点的任意角度的旋转。本任务将以绘制图 2-40 所示的平面图形（三），说明阵列和旋转命令的使用。

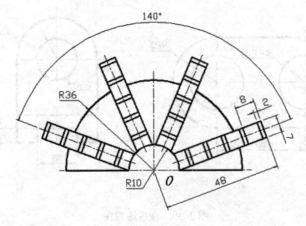

图 2-40　平面图形（三）

2.3.1 任务学习

1. 绘制 R36 和 R10 两个圆弧

1）单击"绘图"工具栏上的"直线"按钮 ⁄，按 AutoCAD 提示：

> 指定第一点：（输入起始点）（用鼠标在绘图区任意位置拾取一点）。
> 指定下一点或【放弃（U）】：（单击状态栏上的"正交"按钮 ，向右移动光标确定直线前进方向，取任意长度，单击鼠标左键）。
> 指定下一点或【闭合（C）/放弃（U）】：（按〈Enter〉键或〈Esc〉键）。
> （按空格键或〈Enter〉键，重复直线命令操作）。
> 指定第一点：（输入起始点）（用鼠标在已画的直线上方任意位置拾取一点）。
> 指定下一点或【放弃（U）】：（向下移动光标确定直线前进方向，取任意长度，单击鼠标左键）。

两直线的交点即为图 2-40 所示点 O。

> 指定下一点或【闭合（C）/放弃（U）】：（按〈Enter〉键或〈Esc〉键）。

2）单击"绘图"工具栏上的"圆"按钮 ，按 AutoCAD 提示：

> 指定圆的圆心或[三点（3P）/两点（2P）/相切、相切、半径（T）]：（拾取 O 点，绘图中状态栏上的 "对象捕捉"须处于打开状态）。
> 指定圆的半径或[直径（D）]：（输入"10"，按〈Enter〉键）。
> （按空格键或〈Enter〉键，重复圆命令操作）
> 指定圆的圆心或[三点（3P）/两点（2P）/相切、相切、半径（T）]：（拾取 O 点）
> 指定圆的半径或[直径（D）]：（输入"36"，按〈Enter〉键）。

3）单击"修改"工具栏上的"修剪"按钮 ，按 AutoCAD 提示：

> 选择对象或<全部选择>：（选取水平直线，按〈Enter〉键）。
> 选择要修剪的对象，或按住〈Shift〉键选择要延伸的对象，或[栏选（F）/窗交（C）/投影（P）/边（E）/删除（R）/放弃（U）]：（选取要剪切的圆弧，按〈Enter〉键或〈Esc〉键）。

4）修剪结果如图 2-41 所示。

2. 绘制矩形板条

1）单击"修改"工具栏上的"偏移"按钮 ，按 AutoCAD 提示：

> 指定偏移距离或[通过（T）/删除（E）/图层（L）]<通过>：（输入"3.5"，按〈Enter〉键）。
> 指定要偏移的对象，或[退出（E）/放弃（U）]<退出>：（单击鼠标左键，选取水平直线）。
> 指定要偏移的那一侧上的点，或[退出（E）/多个（M）/放弃（U）] <退出>：（光标向上移动，单击鼠标左键）。
> 指定要偏移的对象，或[退出（E）/放弃（U）]<退出>：（单击鼠标左键，选取水平直线）。
> 指定要偏移的那一侧上的点，或[退出（E）/多个（M）/放弃（U）] <退出>：（光标向下移动，单击鼠标左键）。
> 指定要偏移的对象，或[退出（E）/放弃（U）]<退出>：（按〈Enter〉键或〈Esc〉键）。
> （按空格键或〈Enter〉键，重复偏移命令操作）
> 指定偏移距离或[通过（T）/删除（E）/图层（L）]<3.5>：（输入"48"，按〈Enter〉键）。
> 指定要偏移的对象，或[退出（E）/放弃（U）]<退出>：（单击鼠标左键，选取竖直直线）。
> 指定要偏移的那一侧上的点，或[退出（E）/多个（M）/放弃（U）] <退出>：（光标向右移动，

    指定要偏移的对象，或[退出（E）/放弃（U）]<退出>：（按〈Enter〉键或〈Esc〉键）。

  2）利用"修改"工具栏上的"修剪"按钮 ⁄，将图形修剪如图 2-42 所示。

  3）单击"修改"工具栏上的"偏移"按钮 ⊂，按 AutoCAD 提示：

    指定偏移距离或[通过（T）/删除（E）/图层（L）]<48>：（输入"2"，按〈Enter〉键）。
    指定要偏移的对象，或[退出（E）/放弃（U）]<退出>：（单击鼠标左键，选取线段）。
    指定要偏移的那一侧上的点，或[退出（E）/多个（M）/放弃（U）] <退出>：（光标向左移动，
单击鼠标左键）。
    指定要偏移的对象，或[退出（E）/放弃（U）]<退出>：（按〈Enter〉键或〈Esc〉键）。

偏移如图 2-43 所示。

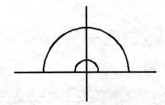

图 2-41　R36 和 R10 两个圆弧

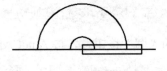

图 2-42　修剪后的图形

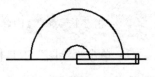

图 2-43　偏移后的图形

  4）单击"修改"工具栏上的"阵列"按钮 ⊞，或单击菜单项"修改"→"阵列"命令，
按 AutoCAD 提示，系统会弹出阵列对话框，进行参数设置，如图 2-44 所示（阵列命令）。

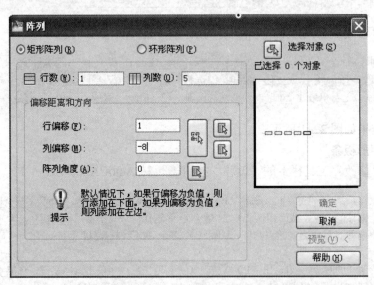

图 2-44　"矩形阵列"对话框

    选取 ⊡ "选择对象"图标，进入绘图区，
    选择对象：（分别选取如图 2-45 所示线段）。
    选择对象：（按〈Enter〉键或〈Esc〉键）。

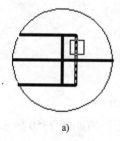 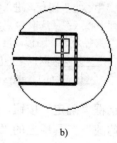

a)   b)

图 2-45 "阵列"选取对象

a) 选择要阵列的一个对象 b) 选择要阵列的另一个对象

5）单击对话框"确定"按钮，矩形阵列效果如图 2-46 所示。

6）单击"修改"工具栏上的"旋转"按钮⟲，或单击菜单项"修改"→"旋转"命令，按 AutoCAD 提示（旋转命令）：

> 选择对象：（选取板条，单击鼠标左键）。
> 选择对象：（按〈Enter〉键）。
> 指定基点：（拾取 O 点，单击鼠标左键）。
> 指定旋转角度或[复制(C)/参照(R)]：（输入旋转角度"20"，按〈Enter〉键）。

旋转结果如图 2-47 所示。

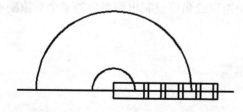

图 2-46 矩形阵列效果

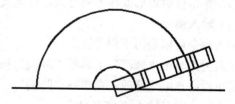

图 2-47 旋转效果

7）单击"修改"工具栏上的"阵列"按钮▦，或单击菜单项"修改"→"阵列"命令，按 AutoCAD 提示，系统会弹出阵列对话框，进行参数设置，如图 2-48 所示。

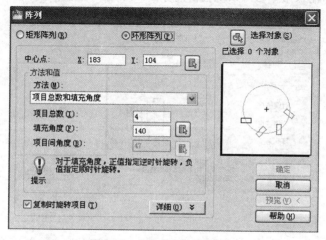

图 2-48 "环形阵列"对话框

8)单击对话框"确定"按钮,环形阵列效果如图 2-49 所示。

9)利用"修改"工具栏上的"修剪"按钮 ✓ ,将图形修剪如图 2-50 所示。

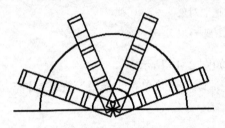 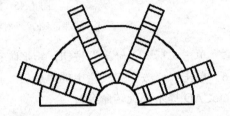

图 2-49 环形阵列效果   图 2-50 最终效果

完成图 2-40 平面图形(三)的绘制。

2.3.2 任务注释

1. 阵列命令

该命令指按照矩形或环形的方式,以定义的距离或角度复制出源对象的多个对象副本。

(1)输入命令

输入命令可以采用下列方法之一:

工具栏:单击"修改"工具栏"阵列"按钮 🖽 。

菜单栏:选取"修改"菜单→"阵列"。

命令行:键盘输入"ARRAY"。

(2)操作格式

该功能分为矩形阵列和环形阵列两种。

1)矩形阵列。输入命令后,系统会自动弹出"阵列"对话框,如图 2-51 所示。

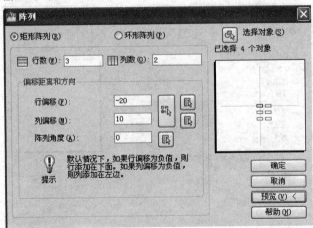

图 2-51 "阵列"对话框 1

选择"矩形阵列"选项，对话框中各功能如下：

行数：用于输入矩形阵列的行的数目。

列数：用于输入矩形阵列的列的数目。

行偏移：用于输入行间距。如果输入正值，由原对象向上阵列；输入负值则向下阵列。

列偏移：用于输入列间距。如果输入正值，由原对象向右阵列；输入负值则向左阵列。

阵列角度：用于输入阵列的旋转角度。

注：通过单击文本框后面的"拾取点"按钮，直接可以在绘图区用鼠标指定两点来确定行间距、列间距和阵列角度。

"选择对象"按钮：用于切换绘图区并选择阵列的对象。单击上行右侧的"选择对象"按钮，进入绘图区；同时命令区出现提示：

选择对象：（选择要阵列的对象）。
选择对象：（按〈Enter〉键或〈Esc〉键，结束选择）。

预览区域：用于预览阵列的效果；

"预览"按钮：用于切换到绘图区并显示阵列的效果，进入绘图区，同时命令区出现提示：

拾取或按〈Esc〉键返回到对话框（单击鼠标右键接受阵列）：（按〈Esc〉键返回到对话框修改或单击鼠标右键接受阵列）。

"取消"按钮：用来取消当前的阵列操作。

"确定"按钮：用来接受当前的阵列操作。

2）环形阵列。输入命令后，系统会自动弹出"阵列"对话框，如图2-52所示。

选择"环形阵列"选项，对话框中各功能如下：

"中心点"选项：用于确定环形阵列的中心，可以在"X"、"Y"文本框里输入坐标值，或单击"拾取点"按钮，在绘图区内拾取中心点。

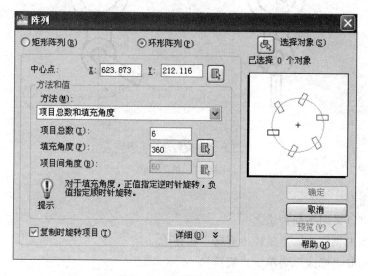

图2-52 "阵列"对话框2

"方法和值"选项组：用来确定环形阵列的具体方法和相应的数据。其中：

"方法"下拉列表：提供了环形阵列的三种方法，分别为："项目总数和填充角度"、"项目总数和项目间角度"、"填充角度和项目间角度"三种；

"项目总数"选项：用于表示环形阵列的个数，其中包括原对象。

"填充角度"选项：用于表示环形阵列的圆心角，默认为360°，输入正值则为逆时针方向阵列。

"复制时旋转项目"复选框：用于确定是否绕基点旋转阵列对象，如图2-53所示。

"详细"按钮：用于表示"阵列"对话框的附加选项。

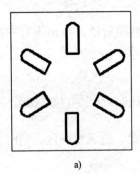 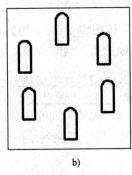

图2-53 环形阵列对象复制时旋转示例

a) 复制时旋转项目 b) 复制时不旋转项目

2．旋转命令

该命令用于将对象绕指定点旋转任意角度，以调整图形的放置方向和位置。以图 2-54 所示为例，其操作步骤如下：

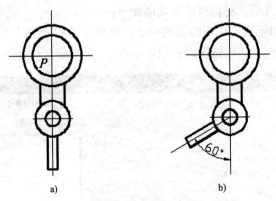

图2-54 旋转命令示例

a) 旋转前 b) 旋转后

（1）输入命令

输入命令可以采用下列方法之一：

工具栏：单击"修改"工具栏"旋转"按钮 ○。

菜单栏：选取"修改"菜单→"旋转"。

命令行：键盘输入"ROTATE"或"RO"。

（2）操作格式

执行上面命令之一，系统提示如下：

> 选择对象：（选取要旋转的对象）。
> 选择对象：（按〈Enter〉键）。
> 指定基点：（拾取 P 点，单击鼠标左键）。
> 指定旋转角度或[复制(C)/参照(R)]：（输入旋转角度"-60"，按〈Enter〉键）。

注：旋转角度逆时针取正值，顺时针取负值。

2.3.3 知识拓展

综合阵列命令中环形阵列方式完成图 2-55 的绘制。

1. 绘制 ϕ53、ϕ45 和 ϕ66 同心圆

1）单击"绘图"工具栏上的"直线"按钮，按 AutoCAD 提示：

> 指定第一点：（输入起始点）（用鼠标在绘图区任意位置拾取一点）。
> 指定下一点或【放弃（U）】：（单击状态栏上的"正交"按钮，向右移动光标确定直线前进方向，取任意长度，单击鼠标左键）。
> 指定下一点或【闭合（C）/放弃（U）】：（按〈Enter〉键或〈Esc〉键）。
> （按空格键或〈Enter〉键，重复直线命令操作）。
> 指定第一点：（输入起始点）（用鼠标在已画的直线上方任意位置拾取一点）。
> 指定下一点或【放弃（U）】：（向下移动光标确定直线前进方向，取任意长度，单击鼠标左键）。

两直线的交点即为图 2-55 所示点 N。

2）单击"绘图"工具栏上的"圆"按钮，按 AutoCAD 提示：

> 指定圆的圆心或[三点（3P）/两点（2P）/相切、相切、半径（T）]：（在图面上拾取点 N）。
> 指定圆的半径或[直径（D）]：（输入"26.5"，按〈Enter〉键）。
> （按空格键或〈Enter〉键，重复圆命令操作）。
> 指定圆的圆心或[三点（3P）/两点（2P）/相切、相切、半径（T）]：（拾取圆心，绘图中状态栏上的"对象捕捉"须处于打开状态）。
> 指定圆的半径或[直径（D）]：（输入"22.5"，按〈Enter〉键）。

3）利用同样的方法，绘制直径为 66 的圆（如图 2-56 所示），该圆与竖直线交于点 A。

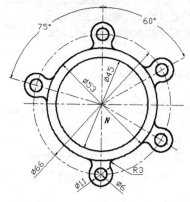

图 2-55　拓展联系图

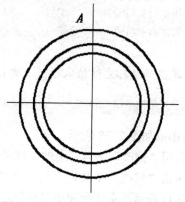

图 2-56　ϕ53、ϕ45 和 ϕ66 同心圆

2. 绘制圆耳

1）单击"绘图"工具栏上的"圆"按钮 ⊙，按 AutoCAD 提示：

> 指定圆的圆心或[三点（3P）/两点（2P）/相切、相切、半径（T）]：（在图面上拾取点A）。
> 指定圆的半径或[直径（D）]：（输入"5.5"，按〈Enter〉键）。
> （按空格键或〈Enter〉键，重复直线命令操作）。
> 指定圆的圆心或[三点（3P）/两点（2P）/相切、相切、半径（T）]：（在图面上拾取点A）。
> 指定圆的半径或[直径（D）]：（输入"3"，按〈Enter〉键）。

2）单击"绘制"工具栏"圆"按钮 ⊙，按 AutoCAD 提示：

> 指定圆的圆心或[三点（3P）/两点（2P）/相切、相切、半径（T）]：（输入"T"，按〈Enter〉键）。
> 指定对象与圆的第一个切点：（单击鼠标左键，拾取直径为11mm的圆的一侧）。
> 指定对象与圆的第二个切点：（单击鼠标左键，拾取直径为53mm的圆的一侧）。

注：单击的鼠标左键拾取圆时，要在靠近圆角的位置周围拾取，如图 2-57 所示。

> 指定圆的半径<当前值>：（输入"3"，按〈Enter〉键）。

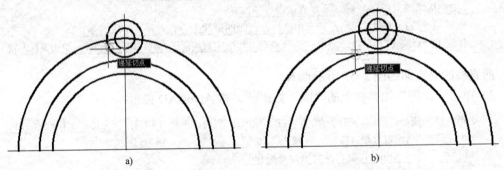

图 2-57　拾取位置的选择

a) 拾取直径为 11 的圆的一侧　b) 拾取直径为 53 的圆的另一侧

3）单击"绘制"工具栏"圆"按钮 ⊙，按 AutoCAD 提示：

> 指定圆的圆心或[三点（3P）/两点（2P）/相切、相切、半径（T）]：（输入"T"，按〈Enter〉键）。
> 指定对象与圆的第一个切点：（单击鼠标左键，拾取直径为11mm的圆另一侧）。
> 指定对象与圆的第二个切点：（单击鼠标左键，拾取直径为53mm的圆另一侧）。

注：单击的鼠标左键拾取圆时，要在靠近圆角的位置周围拾取。

> 指定圆的半径<当前值>：（输入"3"，按〈Enter〉键）。

完成图形如图 2-58 所示。

4）利用"修改"工具栏上的"修剪"按钮 ┿，将图形修剪如图 2-59 所示。

5）单击"修改"工具栏上的"阵列"按钮 ▦，或单击菜单项"修改"→"阵列"命令，按 AutoCAD 提示，系统会弹出对话框，如图 2-60 所示。

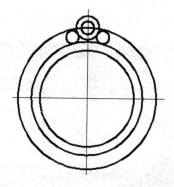

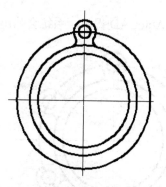

图 2-58　与圆 ϕ53 和圆 ϕ11 相切的两圆　　　　　　　图 2-59　修剪后效果

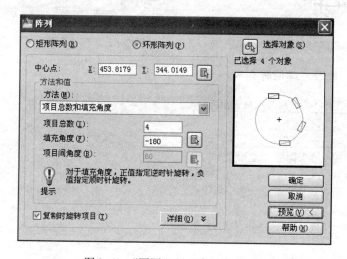

图 2-60　"圆耳"环形阵列的对话框

在对话框中，选取"环形阵列"：

> 方法：（选择"项目总数和填充角度"）。
> 项目总数：（输入"4"）。
> 填充角度：（输入"-180"）。

注：1）对于填充角度，正直指定逆时针旋转，负值指定顺时针旋转。
　　2）"复制时旋转项目"复选框应选中。

> 选取 "中心点"图标，进入绘图区，
> 指定阵列中心点：（选取N点，单击鼠标左键）。
> 选取 "选择对象"图标，进入绘图区，
> 选择对象：（分别选取圆耳的所有弧线）。
> 选择对象：（按〈Enter〉键或〈Esc〉键）。

6）单击对话框"确定"按钮，环形阵列效果如图 2-61 所示。

> （按空格键或〈Enter〉键，重复阵列命令操作）

7）按 AutoCAD 提示，系统会弹出"阵列"对话框，如图 2-62 所示。

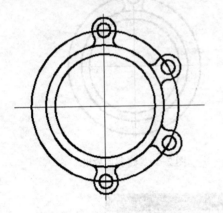

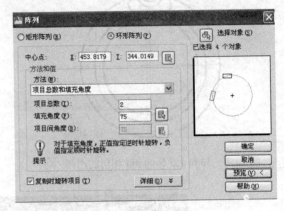

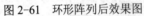

图 2-61 环形阵列后效果图   图 2-62 "圆耳"环形阵列的对话框

在对话框中，选取"环形阵列"：

> 方法：（选择"项目总数和填充角度"）。
> 项目总数：（输入"2"）。
> 填充角度：（输入"75"）。
> 选取⬚"中心点"图标，进入绘图区，
> 指定阵列中心点：（选取N点，单击鼠标左键）。
> 选取⬚"选择对象"图标，进入绘图区，
> 选择对象：（选取圆耳）。
> 选择对象：（按〈Enter〉键或〈Esc〉键）。

8）单击对话框"确定"按钮。

9）利用删除命令，删除多余的曲线，完成图 2-55 的绘制。

2.3.4 课后练习

绘制图 2-63 所示图形。

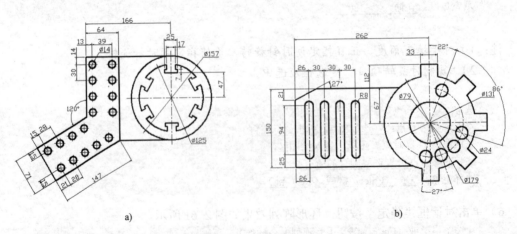

a)   b)

图 2-63 课后练习图

任务 2.4　绘制平面图形（四）——学习正多边形和椭圆命令

本任务将以绘制如图 2-64 所示的平面图形（四）为例，说明正多边形和椭圆的绘制技巧与方法。

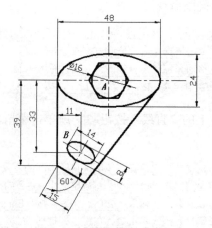

图 2-64　平面图形（四）

2.4.1　任务学习

1. 绘制圆与正六边形

1）单击 "绘图" 工具栏上的 "直线" 按钮 ，按 AutoCAD 提示：

> 指定第一点：（输入起始点）（用鼠标在绘图区任意位置拾取一点）。
> 指定下一点或【放弃（U）】：（激活状态栏上的 " 正交 " 按钮 ，向右移动光标确定直线前进方向，取任意长度，单击鼠标左键）。
> 指定下一点或【闭合（C）/放弃（U）】：（按〈Enter〉键或〈Esc〉键）。
> （按空格键或〈Enter〉键，重复直线命令操作。）
> 指定第一点：（输入起始点）（用鼠标在已画的直线上方任意位置拾取一点）。
> 指定下一点或【放弃（U）】：（向下移动光标确定直线前进方向，取任意长度，单击鼠标左键）。

两直线的交点即为图 2-64 所示点 A。

> 指定下一点或【闭合（C）/放弃（U）】：（按〈Enter〉键或〈Esc〉键）。
> 单击绘图工具栏上的 "圆" 按钮 ，命令按AutoCAD提示：
> 指定圆的圆心或[三点（3P）/两点（2P）/相切、相切、半径（T）]：（拾取A点，绘图中状态栏上的 "对象捕捉" 须处于打开状态）。
> 指定圆的半径或[直径（D）]：（输入 "8"，按〈Enter〉键）。

2）单击绘图工具栏上的 "正多边形" 按钮 ，或单击菜单项 "绘图" → "正多边形"，命令按 AutoCAD 提示（正多边形命令）：

> "_polygon" 输入边的数目<4>:（输入 "6"，按〈Enter〉键）。
> 指定正多边形的中心或[边（E）]：（单击鼠标左键，拾取点A）。

> 输入选项[内接于圆（I）/外切于圆（C）]<I>: （输入"C"，按〈Enter〉键）。
> 指定圆的半径： （输入"8"，按〈Enter〉键）。

2. 绘制椭圆

1）单击绘图工具栏上的"椭圆"按钮 ，或单击菜单项"绘图"→"椭圆"→"圆心"命令按 AutoCAD 提示（椭圆命令）：

> 指定椭圆的轴端点或[圆弧（A）/中心线（C）]： （输入"C"，按〈Enter〉键）。
> 指定椭圆的中心点： （单击鼠标左键，拾取点A）。
> 指定轴的端点： （向左移动光标确定直线前进方向，输入"24"，按〈Enter〉键）。
> 指定另一条半轴长度或[旋转（R）]： （输入"12"，按〈Enter〉键）。

2）单击"绘图"工具栏上的"直线"按钮 ，或单击菜单项"绘图"→"直线"命令，按 AutoCAD 提示：

> 指定第一点： （输入起始点）（用鼠标在绘图区拾取椭圆的左象限点）。
> 指定下一点或【放弃（U）】： （向下移动光标确定直线前进方向，输入"39"，按〈Enter〉键）。
> 指定下一点或【放弃（U）】： （输入"@15<-30"，按〈Enter〉键）。
> 指定下一点或【放弃（U）】： （单击鼠标左键，捕捉切点如图2-65所示）。

注：捕捉切点时，确保绘图中状态栏上的 "对象捕捉"处于打开状态。

3）单击"修改"工具栏上的"偏移"按钮 ，或单击菜单项"修改"→"偏移"命令，按 AutoCAD 提示：

> 指定偏移距离或[通过（T）/删除（E）/图层（L）]<1.0000>： （输入"33"，按〈Enter〉键）。
> 指定要偏移的对象，或[退出（E）/放弃（U）]<退出>： （单击鼠标左键，选取水平直线）。
> 指定要偏移的那一侧上的点，或[退出（E）/多个（M）/放弃（U）] <退出>： （光标向下移动，单击鼠标左键）。
> 指定要偏移的对象，或[退出（E）/放弃（U）]<退出>： （按〈Enter〉键或〈Esc〉键）。
> （按空格键或〈Enter〉键，重复偏移命令操作）
> 指定偏移距离或[通过（T）/删除（E）/图层（L）]<1.0000>： （输入"11"，按〈Enter〉键）
> 指定要偏移的对象，或[退出（E）/放弃（U）]<退出> ： （单击鼠标左键，选取通过左象限点的竖直直线）。
> 指定要偏移的那一侧上的点，或[退出（E）/多个（M）/放弃（U）] <退出>： （光标向右移动，单击鼠标左键）。
> 指定要偏移的对象，或[退出（E）/放弃（U）]<退出> ： （按〈Enter〉键或〈Esc〉键）。

两直线的交点即为图 2-64 所示点 B。

4）单击绘图工具栏上的"椭圆"按钮 ，或单击菜单项"绘图"→"椭圆"→"圆心"命令按 AutoCAD 提示：

> 指定椭圆的轴端点或[圆弧（A）/中心线（C）]： （输入"C"，按〈Enter〉键）。
> 指定椭圆的中心线： （单击鼠标左键，拾取点B）。
> 指定轴的端点： （向左移动光标确定直线前进方向，输入"7"，按〈Enter〉键）。
> 指定另一条半轴长度或[旋转（R）]： （输入"4"，按〈Enter〉键）。

图形绘制如图 2-66 所示。

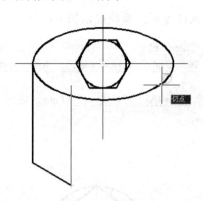

图 2-65　捕捉切点

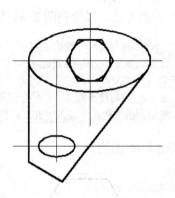

图 2-66　椭圆的绘制

5）单击"修改"工具栏上的"旋转"按钮 ⟳，或单击菜单项"修改"→"旋转"命令，按 AutoCAD 提示：

> 选择对象：（单击鼠标左键，选取小椭圆）。
> 选择对象：（按〈Enter〉键）。
> 指定基点：（拾取B点，单击鼠标左键）。
> 指定旋转角度或[复制(C)/参照(R)]：（输入旋转角度"-30"，按〈Enter〉键）。

6）利用删除命令，删除多余的曲线，完成图 2-64 图形的绘制。

2.4.2　任务注释

1．正多边形命令

正多边形是由 3 条或 3 条以上长度相等的线段首尾相接形成的闭合图形。其边数范围在 3～1024 之间。

（1）输入命令

输入命令可以采用下列方法之一：

工具栏：单击"绘图"工具栏"正多边形"按钮 ⬠。

菜单栏：选取"绘图"菜单→"正多边形"。

命令行：键盘输入"POLYGON"或"POL"。

（2）操作格式

在 AutoCAD 中，系统提供了三种绘图方式，分别为：边长、内接圆和外切圆三种方式。

1）边长方式。以绘制图 2-67 为例说明。输入命令后，系统提示如下：

> "_polygon"输入边的数目<4>:（输入"6"，按〈Enter〉键）。
> 指定正多边形的中心或[边（E）]：（输入"E"，按〈Enter〉键）。
> 指定边的第一个端点：（用鼠标在绘图区任意位置拾取一点）。
> 指定边的第二个端点：（激活状态栏上的"正交"按钮 ⌐，向右移动光标确定直线前进方向，输入"20"，按〈Enter〉键）。

57

完成图 2-67 的绘制。

2）内接圆方式。以绘制图 2-68 为例说明。输入命令后，系统提示如下：

    "_polygon" 输入边的数目<4>: （输入"5"，按〈Enter〉键）。

    指定正多边形的中心或[边（E）]: （单击鼠标左键，拾取点C，绘图中状态栏上的 ▢ " 对象捕捉" 须处于打开状态）。

    输入选项[内接于圆（I）/外切于圆（C）]<I>: （默认为内接于圆方式，按〈Enter〉键）。

    指定圆的半径: （输入"50"，按〈Enter〉键）。

完成图 2-68 的绘制。

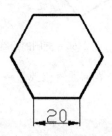

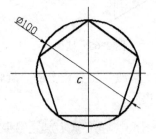

图 2-67　以边长方式绘制正多边形　　　　图 2-68　以内接圆方式绘制正多边形

3）外切圆方式。以绘制图 2-69 为例说明。输入命令后，系统提示如下：

    "_polygon" 输入边的数目<4>: （输入"7"，按〈Enter〉键）。

    指定正多边形的中心或[边（E）]: （单击鼠标左键，拾取点D，绘图中状态栏上的 ▢ " 对象捕捉" 须处于打开状态）。

    输入选项[内接于圆（I）/外切于圆（C）]<I>: （输入"C"，按〈Enter〉键）。

    指定圆的半径: （输入"21"，按〈Enter〉键）。

完成图 2-69 的绘制。

2．椭圆命令

椭圆是平面上到定点距离与到定直线间距离之比为常数的所有点的集合。在 AutoCAD 2010 中，绘制椭圆有两种方法，即指定中心点和指定端点。

（1）中心点方式

以绘制图 2-70 为例说明，其操作步骤如下。

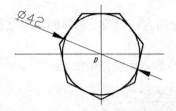

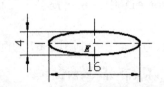

图 2-69　以外切圆方式绘制正多边形　　　　图 2-70　以中心点方式绘制椭圆

1）输入命令。

输入命令可以采用下列方法之一：

工具栏：单击"绘图"工具栏"椭圆"按钮 ⊙ 。

菜单栏：选取"绘图"菜单→"椭圆"→"圆心"。

2）操作格式

执行上面命令之一，系统提示如下：

> 指定椭圆的轴端点或[圆弧（A）/中心线（C）]：（输入"C"，按〈Enter〉键）。
> 　指定椭圆的中心点：（单击鼠标左键，拾取点E）。
> 　指定轴的端点：（状态栏上的 " 正交 " 按钮 ▨ 处于打开状态，向右移动光标确定直线前进方向，输入"8"，按〈Enter〉键）。
> 　指定另一条半轴长度或[旋转（R）]：（输入"2"，按〈Enter〉键）。

完成图 2-70 的绘制。

（2）轴端点方式

以绘制图 2-71 为例说明，其操作步骤如下。

1）输入命令。

输入命令可以采用下列方法之一：

工具栏：单击"绘图"工具栏"椭圆"按钮 ⊙ 。

菜单栏：选取"绘图"菜单→"椭圆"→"轴、端点"。

2）操作格式。

执行上面命令之一，系统提示如下：

> 指定椭圆的轴端点或[圆弧（A）/中心点（C）]：（用鼠标在绘图区任意位置拾取一点）。
> 　指定轴的另一个端点：（状态栏上的"正交"按钮 ▨ 处于打开状态，向右移动光标确定直线前进方向，输入"7"，按〈Enter〉键）。
> 　指定另一条半轴长度或[旋转（R）]：（输入"2"，按〈Enter〉键）。

完成图 2-71 的绘制。

2.4.3 知识拓展

综合正多边形命令和旋转命令完成图 2-72 的绘制。

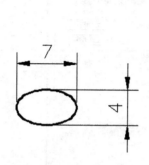

图 2-71 以轴端点方式绘制椭圆

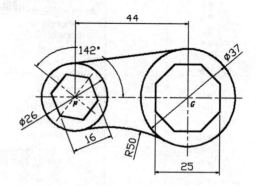

图 2-72 拓展练习图

1. 绘制圆

1）单击"绘图"工具栏上的"直线"按钮 ✏ ， 按 AutoCAD 提示：

指定第一点：（输入起始点）用鼠标在绘图区任意位置拾取一点。

指定下一点或【放弃（U）】：（激活状态栏上的"正交"按钮，向右移动光标确定直线前进方向，取任意长度，单击鼠标左键）。

指定下一点或【闭合（C）/放弃（U）】：（按〈Enter〉键或〈Esc〉键）。

（按空格键或〈Enter〉键，重复直线命令操作）

指定第一点：（输入起始点）用鼠标在已画的直线上方任意位置拾取一点。

指定下一点或【放弃（U）】：（向下移动光标确定直线前进方向，取任意长度，单击鼠标左键）。

两直线的交点即为图2-72所示点F。

2）单击"修改"工具栏上的"偏移"按钮，按AutoCAD提示：

指定偏移距离或[通过（T）/删除（E）/图层（L）]<1.0000>：（输入"44"，按〈Enter〉键）。

指定要偏移的对象，或[退出（E）/放弃（U）]<退出>：（单击鼠标左键，选取竖直直线）。

指定要偏移的那一侧上的点，或[退出（E）/多个（M）/放弃（U）] <退出>：（光标向右移动，单击鼠标左键）。

指定要偏移的对象，或[退出（E）/放弃（U）]<退出>：（按〈Enter〉键或〈Esc〉键）。

两直线的交点即为图2-72所示点G。

3）单击"绘图"工具栏上的"圆"按钮，命令按AutoCAD提示：

指定圆的圆心或[三点（3P）/两点（2P）/相切、相切、半径（T）]：（拾取F点，绘图中状态栏上的"对象捕捉"须处于打开状态）。

指定圆的半径或[直径（D）]：（输入"13"，按〈Enter〉键）。

（按空格键或〈Enter〉键，重复圆命令操作）

指定圆的圆心或[三点（3P）/两点（2P）/相切、相切、半径（T）]：拾取G点。

指定圆的半径或[直径（D）]：（输入"16.5"，按〈Enter〉键）。

4）右击状态栏上的"对象捕捉"按钮，弹出快捷菜单，如图 2-73 所示。单击"设置"选项，弹出"草图设置"对话框，选择"全部清除"，仅选中"切点"对象捕捉模式，如图 2-74 所示，单击"确定"按钮，退出对象捕捉的设置。

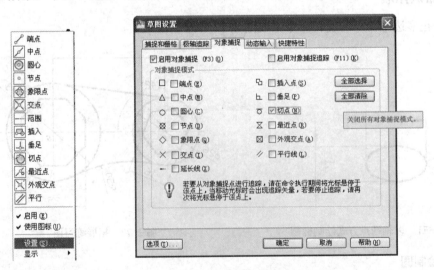

图 2-73　快捷菜单　　　　　　　　图 2-74　对象捕捉设置对话框

5）单击"绘图"工具栏上的"直线"按钮，按 AutoCAD 提示：

> 指定第一点：（□"对象捕捉"处于打开状态，在直径为26上半圆弧任意位置单击鼠标左键）。
> 指定下一点或【放弃（U）】：（在直径为37上半圆弧任意位置单击鼠标左键，按〈Enter〉键或〈Esc〉键）。

6）单击"绘制"工具栏"圆"按钮，按 AutoCAD 提示：

> 指定圆的圆心或[三点（3P）/两点（2P）/相切、相切、半径（T）]：（输入"T"，按〈Enter〉键）。
> 指定对象与圆的第一个切点：（在直径为26下半圆弧任意位置单击鼠标左键）。
> 指定对象与圆的第二个切点：（在直径为37下半圆弧任意位置单击鼠标左键）。

注：鼠标点选的位置要接近切点的位置。

> 指定圆的半径或[直径（D）]：（输入"50"，按〈Enter〉键）。
> 单击"修改"工具栏上的"修剪"按钮，按AutoCAD提示：
> 选择对象或<全部选择>：（分别选取两圆，按〈Enter〉键）。
> 选择要修剪的对象，或按住〈Shift〉键选择要延伸的对象，或[栏选（F）/窗交（C）/投影（P）/边（E）/删除（R）/放弃（U）]：（选取要剪切的圆弧边，按〈Enter〉键或〈Esc〉键）。

绘制效果如图 2-75 所示。

2．绘制正多边形

1）右击状态栏上的"对象捕捉"按钮，弹出快捷菜单，单击"设置"，弹出对话框，选择"全部选择"，单击"确定"按钮，退出对象捕捉的设置。

2）单击"绘图"工具栏上的"正多边形"按钮，或单击菜单项"绘图"→"正多边形"，命令按 AutoCAD 提示：

> "_polygon"输入边的数目<4>:（□"对象捕捉"处于打开状态，输入"8"，按〈Enter〉键）。
> 指定正多边形的中心或[边（E）]：（单击鼠标左键，拾取点G）。
> 输入选项[内接于圆（I）/外切于圆（C）]<I>：（输入"C"，按〈Enter〉键）。
> 指定圆的半径：（输入"12.5"，按〈Enter〉键）。

3）单击"绘图"工具栏上的"正多边形"按钮，或单击菜单项"绘图"→"正多边形"，命令按 AutoCAD 提示：

> "_polygon"输入边的数目<4>:（输入"6"，按〈Enter〉键）。
> 指定正多边形的中心或[边（E）]：（单击鼠标左键，拾取点F）。
> 输入选项[内接于圆（I）/外切于圆（C）]<I>：（输入"C"，按〈Enter〉键）。
> 指定圆的半径：（输入"8"，按〈Enter〉键）。

绘制效果如图 2-76 所示。

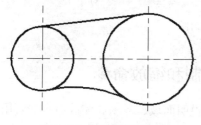

图 2-75　绘制圆后效果图

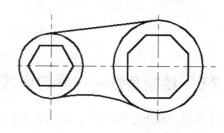

图 2-76　绘制正多边形后效果图

4）单击"修改"工具栏上的"旋转"按钮⟳，或单击菜单项"修改"→"旋转"命令，按 AutoCAD 提示：

选择对象：（单击鼠标左键，选取左边的正多边形）。
选择对象：（按〈Enter〉键）。
指定基点：（单击鼠标左键，拾取F点）。
指定旋转角度或[复制(C)/参照(R)]：（输入旋转角度"52"，按〈Enter〉键）。

注：从当前位置旋转到图 2-72 所示位置，旋转角度为"142°-90°=52°"。

利用删除命令，删除多余的曲线，完成图 2-72 图形的绘制。

2.4.4　课后练习

绘制图 2-77 所示图形。

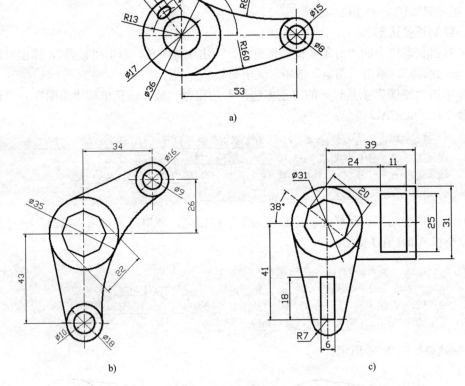

图 2-77　课后练习图

任务 2.5　绘制角铁——学习面域、复制和缩放命令

本任务将以绘制如图 2-78 所示的角铁为例，说明面域、复制和缩放命令的实用技巧与方法。

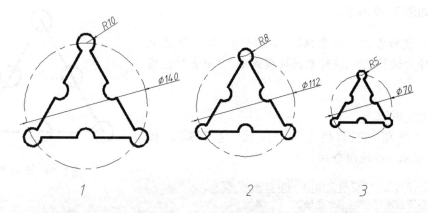

图 2-78　角铁的绘制

2.5.1　任务学习

本任务学习绘制图 2-78 所示的角铁系列。

1．绘制 1 号角铁

（1）绘制三角形

单击"绘图"工具栏上的"正多形"按钮⬠，按 AutoCAD 命令行提示：

> "_polygon"输入边的数目<4>:（输入"3"，按〈Enter〉键）。
> 指定正多边形的中心点或[边（E）]：（指定图面上任意一点）。
> 输入选项[内接于圆（I）/外切于圆（C）]<I>:按〈Enter〉键。
> 指定圆的半径：（激活状态栏上的"正交"按钮🔲，输入"70"，按〈Enter〉键）。

（2）绘制圆

1）单击"绘图"工具栏上的"圆"按钮◉，按 AutoCAD 提示：

> 指定圆的圆心或[三点（3P）/两点（2P）/相切、相切、半径（T）]：（拾取三角形的一个顶点，绘图中状态栏上的🔲"对象捕捉"须处于打开状态）。
> 指定圆的半径或[直径（D）]：（输入"10"，按〈Enter〉键）。

2）单击"修改"工具栏上的"复制"按钮▩，按 AutoCAD 命令行提示（复制命令）：

> 选择对象：（选择圆，按〈Enter〉键）。
> 指定基点或[位移（D）/模式（O）]<D>:（选取圆心）。
> 指定基点或[位移（D）/模式（O）]<位移>:指定第二个点或<使用第一个点作为位移>：（选取三角形的另一个顶点）。
> 指定第二个点或[退出（E）/放弃（U）]<退出>：（选取三角形的第三个顶点）。
> 指定第二个点或[退出（E）/放弃（U）]<退出>：（选取三角形的一边的中点）。
> 指定第二个点或[退出（E）/放弃（U）]<退出>：（选取三角形的另一边的中点）。
> 指定第二个点或[退出（E）/放弃（U）]<退出>：（选取三角形的第三条边的中点）。
> 指定第二个点或[退出（E）/放弃（U）]<退出>：（按〈Enter〉键或〈Esc〉键）。

绘制如图 2-79 所示。

提示：鼠标右击"对象捕捉"按钮□，在"快捷菜单"中选择"设置..."，将对象捕捉模式中，"中点"选项勾选。

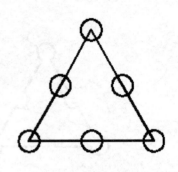

图 2-79　绘制圆

（3）创建面域

单击"绘图"工具栏上的"面域"按钮▣，按 AutoCAD 提示（面域命令）：

> 选择对象：（选取三角形，按〈Enter〉键）。
> 系统提示已创建一个面域。
> 按〈Enter〉键或空格键，重复面域命令。
> 选择对象：（选取一个圆，按〈Enter〉键）。

依次将剩下的圆用类似的方法，分别创建面域。

（4）面域的布尔运算

单击菜单栏上"修改"→"实体编辑"→"并集"，按 AutoCAD 命令行提示（面域的布尔运算）：

> 选择对象：（选取三角形任意位置）；
> 选择对象：（选取以三角形顶点为圆心的三个圆，按〈Enter〉键）。
> 单击菜单栏上"修改"→"实体编辑"→"差集"，按 AutoCAD 命令行提示：
> 选择对象：（选取三角形任意位置，按〈Enter〉键）。
> 选择对象：（选取以三角形各边中点为圆心的三个圆，按〈Enter〉键）。

2. 绘制 2 号角铁

1）单击"修改"工具栏上的"复制"按钮❸，按 AutoCAD 命令行提示：

> 选择对象：（选择1号角铁，按〈Enter〉键）。
> 指定基点或[位移（D）/模式（O）]<D>:（选取图面任意一点）。
> 指定基点或[位移（D）/模式（O）]<位移>:指定第二个点或<使用第一个点作为位移>：（打开正交按钮▣，将向右边移动光标，适当的位置鼠标左键确定）。
> 指定第二个点或[退出（E）/放弃（U）]<退出>：（按〈Enter〉键或〈ESC〉键）。

复制生成一个新的角铁。

2）单击"修改"工具栏上的"缩放"按钮▣，按 AutoCAD 命令行提示（缩放命令）：

> 选择对象：（选取新生成的角铁，按〈Enter〉键）。
> 指定基点：（选取图面上任意一个位置点）。
> 指定比例因子或[复制（C）/参照（R）]<1.0000>:（输入"R"，按〈Enter〉键）。
> 指定参照长度<1.0000>:（输入"140"，按〈Enter〉键）。
> 指定新的长度或[点(P)]<1.0000>:（输入"112"，按〈Enter〉键）。

完成 2 号角铁的绘制。

提示：本系列角铁为成比例缩放。

3．绘制 3 号角铁

1）单击"修改"工具栏上的"复制"按钮 ，按 AutoCAD 命令行提示：

> 选择对象：（选择1号角铁，按〈Enter〉键）。
>
> 指定基点或[位移（D）/模式（O）<D>:（选取图面任意一点）。
>
> 指定基点或[位移（D）/模式（O）<位移>:指定第二个点或<使用第一个点作为位移>：（打开正交按钮 ，将向右边移动光标，适当的位置鼠标左键确定）。
>
> 指定第二个点或[退出（E）/放弃（U）]<退出>：（按〈Enter〉键或〈Esc〉键）。

复制生成一个新的角铁。

2）单击"修改"工具栏上的"缩放"按钮 ，按 AutoCAD 命令行提示：

> 选择对象：（选取新生成的角铁，按〈Enter〉键）。
>
> 指定基点：（选取图面上任意一个位置点）。
>
> 指定比例因子或[复制（C）/参照（R）]<1.0000>:（输入"0.5"，按〈Enter〉键）。

完成 3 号角铁的绘制。

2.5.2 任务注释

1．复制命令

该功能可以复制单个或多个相同对象。以图 2-80 为例，其操作步骤如下。

（1）输入命令

输入命令可以采用下列方法之一：

工具栏：单击"修改"工具栏"复制"按钮 。

菜单栏：选取"修改"菜单→"复制"命令。

命令行：键盘输入"COPY"或"CO"。

（2）操作格式

执行上面命令之一，系统提示如下：

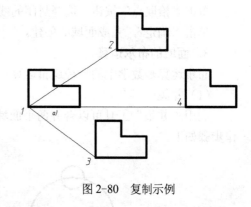

图 2-80　复制示例

> 选择对象：（选择图a），按〈Enter〉键）。
>
> 指定基点或[位移（D）/模式（O）<D>:（选取1点）。
>
> 指定基点或[位移（D）/模式（O）<位移>:指定第二个点或<使用第一个点作为位移>：（指定位置点2）。
>
> 指定第二个点或[退出（E）/放弃（U）]<退出>：（指定位置点3）。
>
> 指定第二个点或[退出（E）/放弃（U）]<退出>：（指定位置点4）。
>
> 指定第二个点或[退出（E）/放弃（U）]<退出>：（按〈Enter〉键或〈Esc〉键）。

（3）说明

在 AutoCAD 中执行复制操作时，系统默认的复制是多次复制，此时根据命令行提示输入字母"O"。即可设置复制模式为单个或多个。

2．面域命令

面域是具有一定边界的二维闭合区域。创建面域的方法有很多种，其中最常用的方法有两种：使用"面域"工具创建面域和使用"边界"工具创建面域。

（1）使用"面域"工具创建面域

1）输入命令

工具栏：单击"绘图"工具栏"面域"按钮 。

菜单栏：选取"绘图"菜单"面域"命令。

命令行：键盘输入"REGION"或"REG"。

2）操作格式

执行上面命令之一，系统提示如下：

> 选择对象：（选取一个或多个用于转换成面域的封闭图形，按〈Enter〉键）。

（2）使用"边界"工具创建面域

1）输入命令

菜单栏：选取"绘图"菜单→"边界"命令。

2）操作格式

执行上面命令后，系统会弹出"边界创建"对话框，如图2-81所示。

在选择类型下拉列表框中选择"面域"选项。

单击"拾取点"按钮，选择封闭的线框

单击"确定"，完成面域的创建。

3．面域的布尔运算

布尔运算是数学中的一种逻辑运算。

图 2-81 【边界创建】对话框

（1）并集

利用"并集"工具可以合并两个面域，即创建两个面域的和集。以图 2-82 为例，其操作步骤如下。

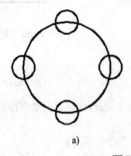

图 2-82　面域并集运算

a）并集运算前　b）并集运算后

1）输入命令

菜单栏："修改"→"实体编辑"→"并集"。

2）操作格式

执行上面命令后，系统提示如下：

（2）交集

利用此工具可以获取两个面域之间公共的面域，即交叉部分面域。以图 2-83 为例，其操作步骤如下。

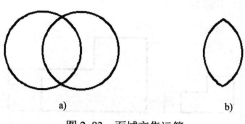

图 2-83　面域交集运算

a) 交集运算前　b) 交集运算后

1）输入命令

菜单栏："修改"→"实体编辑"→"交集"。

2）操作格式

执行上面命令后，系统提示如下：

（3）差集

利用此工具可以将一个面域从另一个面域中去除，即两个面域求差。以图 2-84 为例，其操作步骤如下。

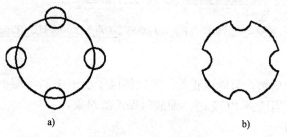

图 2-84　面域差集运算

a) 差集运算前　b) 差集运算后

1）输入命令

菜单栏："修改"→"实体编辑"→"差集"。

2）操作格式

执行上面命令后，系统提示如下：

4. 缩放命令

利用该工具可以将图形对象以指定的缩放基点为缩放参照，放大或缩小一定比例，创建出与源对象成一定比例且形状相同的新图形对象。

缩放命令通常采用两种形式，分别为指定比例因子方式缩放和参照方式缩放。

（1）指定比例因子缩放

以图2-85为例，其操作步骤如下。

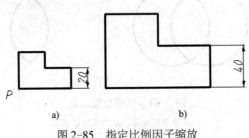

图 2-85　指定比例因子缩放

a) 缩放前　b) 缩放后

1）输入命令

输入命令可以采用下列方法之一：

工具栏：单击"修改"工具栏"缩放"按钮 🔲。

菜单栏：选取"修改"菜单→"缩放"命令。

命令行：键盘输入"SCALE"或"SC"。

2）操作格式

执行上面命令之一，系统提示如下：

> 选择对象：（选择要缩放的对象图2-85（1），按〈Enter〉键）。
> 指定基点：（指定基点P）。
> 指定比例因子或[复制（C）/参照（R）]<1.0000>:（输入"2"，按〈Enter〉键）。

3）说明

比例因子即为缩放倍数，只能取正数。当比例因子小于1时，缩小对象；当比例因子大于1时，为放大对象。当选择"C"时，缩放时保留源对象。

（2）参照方式缩放

以图2-86为例，其操作步骤如下。

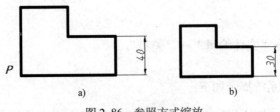

图 2-86　参照方式缩放

a) 缩放前　b) 缩放后

1）输入命令

输入命令可以采用下列方法之一：

工具栏：单击"修改"工具栏"缩放"按钮 。

菜单栏：选取"修改"菜单→"缩放"命令。

命令行：键盘输入"SCALE"。

2）操作格式

执行上面命令之一，系统提示如下：

> 选择对象：（选择要缩放的对象）。
>
> 选择对象：（按〈Enter〉键或继续选择对象）。
>
> 指定基点：（指定基点P）。
>
> 指定比例因子或[复制（C）/参照（R）]<1.0000>:（输入"R"，按〈Enter〉键）。
>
> 指定参照长度<1.0000>:（输入原对象中任意一个已知长度，如："40"，按〈Enter〉键）。
>
> 指定新的长度或[点(P)]<1.0000>:（输入缩放后该尺寸的大小"30"，按〈Enter〉键）。

2.5.3 知识拓展

综合运用复制命令和缩放命令完成 2-87 图形的绘制。

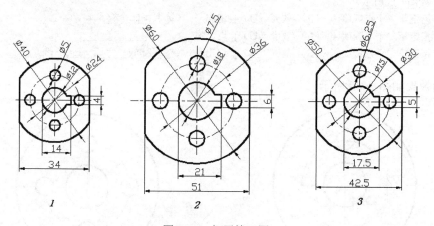

图 2-87 拓展练习图

1. 绘制最左边的 1 号图形

1）单击"绘图"工具栏上的"直线"按钮 ，按 AutoCAD 提示：

> 指定第一点：（输入起始点）（用鼠标在绘图区任意位置拾取一点）。
>
> 指定下一点或【放弃（U）】：（单击状态栏上的"正交"按钮 ，向右移动光标确定直线前进方向，取任意长度，单击鼠标左键）。
>
> 指定下一点或【闭合（C）/放弃（U）】：（按〈Enter〉键或〈Esc〉键）。
>
> （按空格键或〈Enter〉键，重复直线命令操作。）
>
> 指定第一点：（输入起始点）（用鼠标在已画的直线上方任意位置拾取一点）。
>
> 指定下一点或【放弃（U）】：（向下移动光标确定直线前进方向，取任意长度，单击鼠标左键）。

两直线的交点即为图 2-87 中的大圆圆心。

2）单击"绘图"工具栏上的"圆"按钮 ，命令按 AutoCAD 提示：

指定圆的圆心或[三点（3P）/两点（2P）/相切、相切、半径（T）]：（大圆圆心，绘图中状态栏上的□ "对象捕捉"须处于打开状态）。

指定圆的半径或[直径（D）]：（输入"20"，按〈Enter〉键）。

（按空格键或〈Enter〉键，重复圆命令操作）。

指定圆的圆心或[三点（3P）/两点（2P）/相切、相切、半径（T）]：（拾取大圆圆心）。

指定圆的半径或[直径（D）]：（输入"6"，按〈Enter〉键）。

（按空格键或〈Enter〉键，重复圆命令操作）。

指定圆的圆心或[三点（3P）/两点（2P）/相切、相切、半径（T）]：（拾取O点）。

指定圆的半径或[直径（D）]：（输入"12"，按〈Enter〉键）。

（按空格键或〈Enter〉键，重复圆命令操作）。

指定圆的圆心或[三点（3P）/两点（2P）/相切、相切、半径（T）]：（拾取上个圆与竖直直线的交点）。

指定圆的半径或[直径（D）]：（输入"2.5"，按〈Enter〉键）。

3）单击"修改"工具栏上的"复制"按钮，按 AutoCAD 命令行提示：

选择对象：（选择小圆，按〈Enter〉键）。

指定基点或[位移（D）/模式（O）]<D>:（选取小圆的圆心）。

指定基点或[位移（D）/模式（O）]<位移>:指定第二个点或<使用第一个点作为位移>：（选取第一个交点，如图2-88所示）。

指定第二个点或[退出（E）/放弃（U）]<退出>：（选取第二个交点）。

指定第二个点或[退出（E）/放弃（U）]<退出>：（选取第三个交点）。

指定第二个点或[退出（E）/放弃（U）]<退出>：（按〈Enter〉键或〈Esc〉键）。

绘制效果如图 2-89 所示。

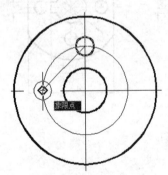

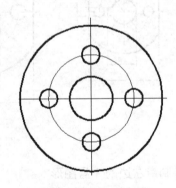

图 2-88　复制时捕捉交点　　　　　　　　图 2-89　复制效果

4）单击"修改"工具栏上的"偏移"按钮，按 AutoCAD 提示：

指定偏移距离或[通过（T）/删除（E）/图层（L）]<1.0000>:（输入"17"，按〈Enter〉键）。

指定要偏移的对象，或[退出（E）/放弃（U）]<退出>：（单击鼠标左键，选取竖直直线）。

指定要偏移的那一侧上的点，或[退出（E）/多个（M）/放弃（U）]<退出>：（光标向左移动，单击鼠标左键）。

指定要偏移的对象，或[退出（E）/放弃（U）]<退出>：（再次单击鼠标左键，选取竖直直线）。

指定要偏移的那一侧上的点，或[退出（E）/多个（M）/放弃（U）]<退出>：（光标向右移动，单击鼠标左键）。

指定要偏移的对象，或[退出（E）/放弃（U）]<退出>：（按〈Enter〉键或〈Esc〉键）。

（按空格键或〈Enter〉键，重复偏移命令操作。）

指定偏移距离或[通过（T）/删除（E）/图层（L）]<1.0000>：（输入"2"，按〈Enter〉键）。

指定要偏移的对象，或[退出（E）/放弃（U）]<退出>：（单击鼠标左键，选取水平直线）。

指定要偏移的那一侧上的点，或[退出（E）/多个（M）/放弃（U）]<退出>：（光标向上移动，单击鼠标左键）。

指定要偏移的对象，或[退出（E）/放弃（U）]<退出>：（再次单击鼠标左键，选取水平直线）。

指定要偏移的那一侧上的点，或[退出（E）/多个（M）/放弃（U）]<退出>：（光标向下移动，单击鼠标左键）。

指定要偏移的对象，或[退出（E）/放弃（U）]<退出>：（按〈Enter〉键或〈Esc〉键）。

（按空格键或〈Enter〉键，重复偏移命令操作）。

指定偏移距离或[通过（T）/删除（E）/图层（L）]<1.0000>：（输入"8"，按〈Enter〉键）。

指定要偏移的对象，或[退出（E）/放弃（U）]<退出>：（单击鼠标左键，选取竖直直线）。

指定要偏移的那一侧上的点，或[退出（E）/多个（M）/放弃（U）]<退出>：（光标向右移动，单击鼠标左键）。

绘制效果如图 2-90 所示。

5）单击"修改"工具栏上的"修剪"按钮，按 AutoCAD 提示：

选择对象或<全部选择>：（框选整个图形，按〈Enter〉键）。

选择要修剪的对象，或按住〈Shift〉键选择要延伸的对象，或[栏选（F）/窗交（C）/投影（P）/边（E）/删除（R）/放弃（U）]：（选取要剪切的线段，按〈Enter〉键或〈Esc〉键）。

6）利用删除命令，删除多余的线条，效果如图 2-91 所示。

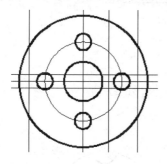

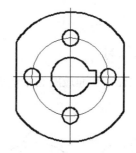

图 2-90　偏移效果　　　　　　　图 2-91　修剪后效果图

2．绘制 2 号图形

1）单击"修改"工具栏上的"复制"按钮，按 AutoCAD 命令行提示：

选择对象：（选择1号图形，按〈Enter〉键）。

指定基点或[位移（D）/模式（O）]<D>：（选取图面任意一点）。

指定基点或[位移（D）/模式（O）]<位移>：指定第二个点或<使用第一个点作为位移>：（打开正交按钮，将向右边移动光标，适当的位置鼠标左键确定）。

指定第二个点或[退出（E）/放弃（U）]<退出>：（按〈Enter〉键或〈Esc〉键）。

复制生成一个新的图形。

2）单击"修改"工具栏上的"缩放"按钮，按 AutoCAD 命令行提示：

选择对象：（选取新生成的图形，按〈Enter〉键）。

指定基点：（选取图面上任意一个位置点）。
指定比例因子或[复制（C）/参照（R）]<1.0000>:（输入"1.5"，按〈Enter〉键）。

完成 2 号图形的绘制。

（提示：本系列图形为成比例缩放。）

3．绘制 3 号图形

1）单击"修改"工具栏上的"复制"按钮，按 AutoCAD 命令行提示：

选择对象：（选择1号图形，按〈Enter〉键）。
指定基点或[位移（D）/模式（O）<D>:（选取图面任意一点）。
指定基点或[位移（D）/模式（O）<位移>:指定第二个点或<使用第一个点作为位移>:（打开正交按钮，将向右边移动光标，适当的位置鼠标左键确定）。
指定第二个点或[退出（E）/放弃（U）]<退出>:（按〈Enter〉键或〈Esc〉键）。

复制生成一个新的图形。

2）单击"修改"工具栏上的"缩放"按钮，按 AutoCAD 命令行提示：

选择对象：（选取新生成的图形，按〈Enter〉键）。
指定基点：（选取图面上任意一个位置点）。
指定比例因子或[复制（C）/参照（R）]<1.0000>:（输入"R"，按〈Enter〉键）。
指定参照长度<1.0000>:（输入"24"，按〈Enter〉键）。
指定新的长度或[点(P)]<1.0000>:（输入"30"，按〈Enter〉键）。

完成 3 号图形的绘制。

2.5.4　课后练习

利用面域命令和面域的布尔运算完成图 2-92 所示图形的绘制。

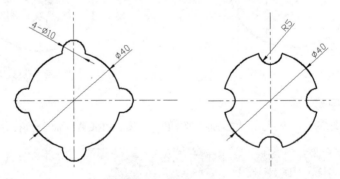

图 2-92　课后练习图

任务 2.6　绘制棘轮——学习点命令

点有多种不同的表达方式，用户可以根据需要进行设置。可设置等分点和测量点。本任务将以绘制如图 2-93 所示的棘轮为例，说明点命令的使用。

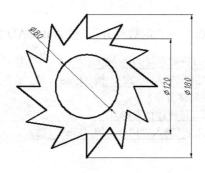

图 2-93　棘轮的绘制

2.6.1　任务学习

1.　绘制ϕ80、ϕ120 和ϕ180 同心圆

1）单击"绘图"工具栏上的"圆"按钮 ⊙，按 AutoCAD 提示：

> 指定圆的圆心或[三点（3P）/两点（2P）/相切、相切、半径（T）]：（在图面上任取一点）。
> 指定圆的半径或[直径（D）]：（输入"40"，按〈Enter〉键）。
> （按 Enter 键或空格键，重复圆命令）。
> 指定圆的圆心或[三点（3P）/两点（2P）/相切、相切、半径（T）]：（拾取圆心，绘图中状态栏上的□"对象捕捉"须处于打开状态）。
> 指定圆的半径或[直径（D）]：（输入"60"，按〈Enter〉键）。

2）利用同样的方法，绘制直径为 180 的圆，如图 2-94 所示。

2.　点样式的设置

单击菜单栏"格式"→"点样式"，在打开的"点样式"对话框中选择"X"样式，同时点的大小取 3%，如图 2-95 所示（点样式）。

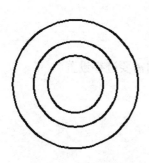

图 2-94　同心圆的绘制

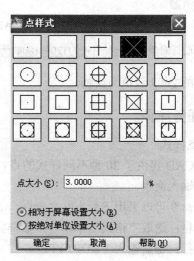

图 2-95　点样式的设置

73

3．等分圆

单击菜单栏"绘图"→"点"→"定数等分"，按 AutoCAD 提示（点命令）：

> 选择要定数等分的对象；<u>（选择直径为120圆）</u>。
> 输入线段数目或[块（B）]：<u>（输入"12"，按〈Enter〉键）</u>。
> （按Enter键或空格键，重复圆命令）。
> 选择要定数等分的对象；<u>（选择直径为180圆）</u>。
> 输入线段数目或[块（B）]：<u>（输入"12"，按〈Enter〉键）</u>。

结果如图 2-96 所示。

4．连接各点

单击"绘图"工具栏上的"直线"按钮 ，顺次连接三个等分点，完成棘轮一个轮齿的连接；如图 2-97 所示，利用同样的方法连接其他点。

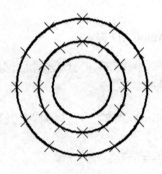 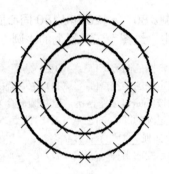

图 2-96　等分圆　　　　　　　　　图 2-97　棘轮的轮齿连接

5．点的隐藏和辅助圆的删除

1）单击菜单栏"格式"→"点样式"，在打开的"点样式"对话框中选择"空"样式，完成点的隐藏。

2）单击"删除"按钮 ，按 AutoCAD 提示。

> 选择对象：<u>（选择直径为120和180的两个圆，按〈Enter〉键）</u>。

完成图 2-93 棘轮的绘制。

2.6.2　任务注释

1．点样式

AutoCAD 提供了 20 种不同样式的点，用户可以根据需要进行设置。

（1）输入命令

输入命令可以采用下列方法之一：

菜单栏：选取"格式"菜单→"点样式"。

命令行：键盘输入"DDPTYPE"。

（2）操作格式

执行上面命令之一，系统打开"点样式"对话框，如图 2-98 所示。设置完毕后，单击"确定"按钮，完成操作。

（3）说明

对话框各功能如下：

"点样式"：提供了 20 种样式，可以任选一种。

"点大小"：确定所选点的大小。

"相对于屏幕设置尺寸"：即点的大小随绘图区的变化而改变。

"用绝对单位设置尺寸"：即点的大小不变。

2．点命令

通常点的命令包括：绘制点、等分点和测量点。

（1）绘制点

1）输入命令

输入命令可以采用下列方法之一：

工具栏：单击"绘图"工具栏"点"按钮·。

菜单栏：选取"绘图"菜单→"点"命令→单点或多点。

命令行：键盘输入"POINT"或"PO"。

2）操作格式

执行上面命令之一，系统提示如下：

> 指定点：（指定点所在位置）。

3）说明

通过菜单栏方法操作时，"单点"选项表示只输入一个点，"多点"选项表示可输入多个点。可以打开状态栏中的"对象捕捉"▣，帮助用户拾取点。

（2）等分点

以图 2-99 为例，其操作步骤如下。

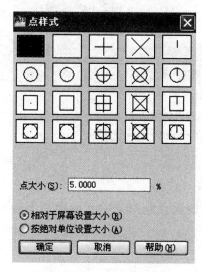

图 2-98　点样式对话框

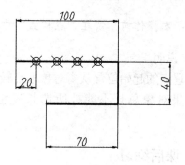

图 2-99　等分点

1）输入命令

输入命令可以采用下列方法之一：

菜单栏：选取"绘图"菜单→"点"命令→"定数等分"。

命令行：键盘输入"DIVIDE"或 "DIV"。

2）操作格式

执行上面命令之一，系统提示如下：

> 选择要定数等分的对象； （选择长度为100的直线段）。
> 输入线段数目或[块（B）]： （输入"5"，按〈Enter〉键）。

完成图 2-99 的绘制。

注：本操作前，需在"点样式"中完成图 2-98 所示点样式的选择。

3）说明

等分数范围为2～32767。

在等分点处，按当前点样式设置来绘制等分点。

在第二提示行选择"块（B）"选项时，表示等分点处插入指定的块（BLOCK）。

（3）测量点

以图 2-100 为例，其操作步骤如下。

1）输入命令

输入命令可以采用下列方法之一：

菜单栏：选取"绘图"菜单→"点"命令→"定距等分"。

命令行：键盘输入"MEASURE"或"ME"。

2）操作格式

执行上面命令之一，系统提示如下：

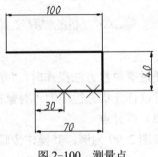

图 2-100　测量点

> 选择要定距等分的对象； （选择长度为70的直线段）。
> 指定线段长度或[块（B）]： （输入"30"，按〈Enter〉键）。

完成图 2-100 的绘制。

注：本操作前，需在"点样式"中完成图 2-98 所示点样式的选择。

3）说明

放置点的起始位置从离对象取点较近的端点开始。

如果对象总长不能被所选长度整除，则最后放置点到对象端点的距离不等于所选长度。

2.6.3　课后练习

分别运用等分点和测量点两种方法，将三角板的底边等分成20部分，如图 2-101 所示。

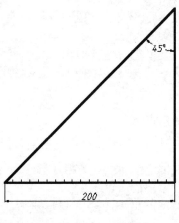

图 2-101 三角板

任务 2.7 绘制吊钩——学习圆角和倒角命令

本任务将以绘制如图 2-102 所示的吊钩为例，说明圆角命令和倒角命令的使用技巧与方法。

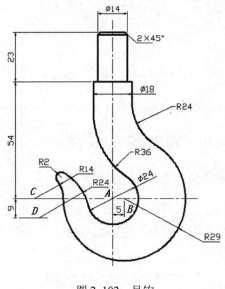

图 2-102 吊钩

2.7.1 任务学习

1. 绘制倒角

1）单击"绘图"工具栏上的"直线"按钮，按 AutoCAD 提示：

> 指定第一点：（输入起始点）（用鼠标在绘图区任意位置拾取一点）。
> 指定下一点或【放弃（U）】：（单击状态栏上的"正交"按钮，向右移动光标确定直线

前进方向，取任意长度，单击鼠标左键）。

> 指定下一点或【闭合（C）/放弃（U）】：（按〈Enter〉键或〈Esc〉键）。
> （按空格键或〈Enter〉键，重复直线命令操作）。
> 指定第一点：（输入起始点）（用鼠标在已画的直线上方任意位置拾取一点）。
> 指定下一点或【放弃（U）】：（向下移动光标确定直线前进方向，与上一条线相交，取任意长度，单击鼠标左键）。

两直线的交点即为图 2-102 所示点 A。

2）单击"修改"工具栏上的"偏移"按钮 ，按 AutoCAD 提示：

> 指定偏移距离或[通过（T）/删除（E）/图层（L）]<1.0000>：（输入"54"，按〈Enter〉键）。
> 指定要偏移的对象，或[退出（E）/放弃（U）]<退出>：（单击鼠标左键，选取水平直线）。
> 指定要偏移的那一侧上的点，或[退出（E）/多个（M）/放弃（U）] <退出>：（光标向上移动，单击鼠标左键）。
> 指定要偏移的对象，或[退出（E）/放弃（U）]<退出>：（按〈Enter〉键或〈Esc〉键）。
> （按空格键或〈Enter〉键，重复偏移命令操作。）
> 指定偏移距离或[通过（T）/删除（E）/图层（L）]<1.0000>：（输入"23"，按〈Enter〉键）
> 指定要偏移的对象，或[退出（E）/放弃（U）]<退出>：（单击鼠标左键，选取新绘制的水平直线）。
> 指定要偏移的那一侧上的点，或[退出（E）/多个（M）/放弃（U）] <退出>：（光标向上移动，单击鼠标左键）。
> 指定要偏移的对象，或[退出（E）/放弃（U）]<退出>：（按〈Enter〉键或〈Esc〉键）。
> （按空格键或〈Enter〉键，重复偏移命令操作。）
> 指定偏移距离或[通过（T）/删除（E）/图层（L）]<1.0000>：（输入"7"，按〈Enter〉键）。
> 指定要偏移的对象，或[退出（E）/放弃（U）]<退出>：（单击鼠标左键，选取竖直直线）。
> 指定要偏移的那一侧上的点，或[退出（E）/多个（M）/放弃（U）] <退出>：（光标向右移动，单击鼠标左键）。
> 指定要偏移的对象，或[退出（E）/放弃（U）]<退出> ：（单击鼠标左键，再次选取先前的竖直直线）。
> 指定要偏移的那一侧上的点，或[退出（E）/多个（M）/放弃（U）] <退出>：（光标向左移动，单击鼠标左键）。
> 指定要偏移的对象，或[退出（E）/放弃（U）]<退出>：（按〈Enter〉键或〈Esc〉键）。

绘制效果如图 2-103 所示。

3）单击"修改"工具栏上的"倒角"按钮 ，或单击菜单项"修改"→"倒角"命令，按 AutoCAD 提示（倒角命令）：

> 选择第一条直线或[放弃（U）多段线（P）/距离（D）/角度（A）/修剪（T）/方式（E）/多个（M）]:（输入"D"，按〈Enter〉键）。
> 指定第一个倒角距离<0.0000>:（输入"2"，按〈Enter〉键）。
> 指定第二个倒角距离<2.0000>:（输入"2"，按〈Enter〉键）。
> 选择第一条直线或[放弃（U）多段线（P）/距离（D）/角度（A）/修剪（T）/方式（E）/多个（M）]:（单击鼠标左键，选取L1直线）。
> 选择第二条直线，或按shift选择要应用角点的直线：（单击鼠标左键，选取L2直线）。

注：在使用倒角命令选取直线时，注意单击直线的位置，点击的位置不同，倒角的效果不同。

选择第一条直线或[放弃（U）多段线（P）/距离（D）/角度（A）/修剪（T）/方式（E）/多个（M）]：（单击鼠标左键，选取L1直线）。

选择第二条直线，或按shift选择要应用角点的直线：（单击鼠标左键，选取L3直线）。

注：AutoCAD 系统会记忆上次倒角的距离作为默认值，无需再次设置。

绘制效果如图 2-104 所示。

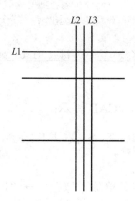

图 2-103　倒角前图形效果图

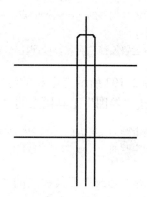

图 2-104　倒角后图形效果图

2. 绘制吊钩 R24 和 R36 圆弧

1）单击"修改"工具栏上的"修剪"按钮 ，或单击菜单项"修改"→"修剪"命令按 AutoCAD 提示：

选择对象或<全部选择>：（单击鼠标左键，选取偏移54的水平直线，按〈Enter〉键）。

选择要修剪的对象，或按住〈Shift〉键选择要延伸的对象，或[栏选（F）/窗交（C）/投影（P）/边（E）/删除（R）/放弃（U）]：（选取要剪切的直线边，按〈Enter〉键或〈Esc〉键）。

绘制效果如图 2-105 所示。

2）重复使用修剪与偏移命令，绘制如图 2-106 所示效果。

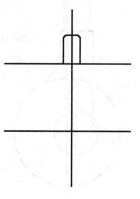

图 2-105　修剪后结果

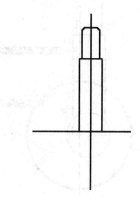

图 2-106　重复偏移与修剪命令绘制图形

3）单击"绘图"工具栏上的"圆"按钮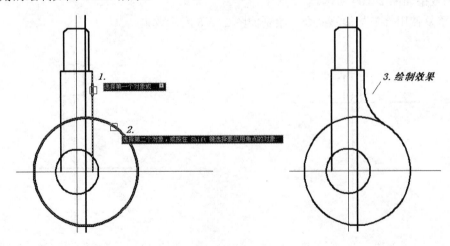，命令按 AutoCAD 提示：

> 指定圆的圆心或[三点（3P）/两点（2P）/相切、相切、半径（T）]：（拾取A点，绘图中状态栏上的□"对象捕捉"须处于打开状态）。
>
> 指定圆的半径或[直径（D）]：（输入"12"，按〈Enter〉键）。

4）单击"修改"工具栏上的"偏移"按钮，按 AutoCAD 提示：

> 指定偏移距离或[通过（T）/删除（E）/图层（L）]<1.0000>：（输入"5"，按〈Enter〉键）。
>
> 指定要偏移的对象，或[退出（E）/放弃（U）]<退出>：（单击鼠标左键，选取竖直直线）。
>
> 指定要偏移的那一侧上的点，或[退出（E）/多个（M）/放弃（U）]<退出>：（光标向右移动，单击鼠标左键）。
>
> 指定要偏移的对象，或[退出（E）/放弃（U）]<退出>：（按〈Enter〉键或〈Esc〉键）。

完成图 2-102 所示交点 B 的绘制。

5）单击"绘图"工具栏上的"圆"按钮，命令按 AutoCAD 提示：

> 指定圆的圆心或[三点（3P）/两点（2P）/相切、相切、半径（T）]：（拾取B点）。
>
> 指定圆的半径或[直径（D）]：（输入"29"，按〈Enter〉键）。

6）单击"修改"工具栏上的"圆角"按钮，或单击菜单项"修改"→"圆角"命令，按 AutoCAD 提示（圆角命令）：

> 选取第一个对象或[放弃（U）/多段线（P）/半径（R）/修剪（T）/多个（M）]：（输入"R"，按〈Enter〉键）。
>
> 指定圆角半径<0.0000>：（输入"24"，按〈Enter〉键）。
>
> 选取第一个对象或[放弃（U）/多段线（P）/半径（R）/修剪（T）/多个（M）]：（单击鼠标左键，选取最右边竖直直线的上端）。
>
> 选择第二条直线，或按〈Shift〉选择要应用角点的对象：（单击鼠标左键，选取半径为29的圆的右端）。

圆角的绘制如图 2-107 所示。

图 2-107　圆角的绘制

（按空格键或〈Enter〉键，重复圆角命令操作。）

选取第一个对象或[放弃（U）/多段线（P）/半径（R）/修剪（T）/多个（M）]：（输入"R"，按〈Enter〉键。

指定圆角半径<0.0000>：（输入"36"，按〈Enter〉键）。

选取第一个对象或[放弃（U）/多段线（P）/半径（R）/修剪（T）/多个（M）]：（单击鼠标左键，选取最左边的竖直直线的上端）。

选择第二条直线，或按shift选择要应用角点的对象：（单击鼠标左键，选取半径为12的圆的右端）。

完成 R24 和 R36 圆角的绘制，如图 2-108 所示。

注：在使用圆角命令选取对象时，注意单击对象的位置，点击的位置不同，圆角的效果不同。

3. R14 的圆心 C 点的确定

1）单击"修改"工具栏上的"偏移"按钮，按 AutoCAD 提示：

指定偏移距离或[通过（T）/删除（E）/图层（L）]<1.0000>：（输入"43"，按〈Enter〉键）。

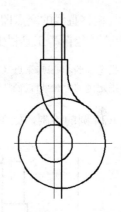

注：数值"43"为圆 R14 与圆 R29 两半径之和。

图 2-108　R24 和 R36 圆角的绘制

指定要偏移的对象，或[退出（E）/放弃（U）]<退出>：（单击鼠标左键，选取过点B的竖直直线）。

指定要偏移的那一侧上的点，或[退出（E）/多个（M）/放弃（U）] <退出>：（光标向左移动，单击鼠标左键）。

指定要偏移的对象，或[退出（E）/放弃（U）]<退出>：（按〈Enter〉键或〈Esc〉键）。

该直线与水平直线的交点即为点 C。

2）单击"绘图"工具栏上的"圆"按钮，命令按 AutoCAD 提示：

指定圆的圆心或[三点（3P）/两点（2P）/相切、相切、半径（T）]：（拾取C点）。

指定圆的半径或[直径（D）]：（输入"14"，按〈Enter〉键）。

完成 R14 圆的绘制，如图 2-109 所示。

4. R24 圆心 D 点的确定

1）单击"修改"工具栏上的"偏移"按钮，按 AutoCAD 提示：

指定偏移距离或[通过（T）/删除（E）/图层（L）]<1.0000>：（输入"9"，按〈Enter〉键）。

注：数值"43"为圆 R14 与圆 R29 两半径之和。

指定要偏移的对象，或[退出（E）/放弃（U）]<退出>　：（单击鼠标左键，选取过点A的水平直线）。

> 指定要偏移的那一侧上的点，或[退出（E）/多个（M）/放弃（U）]
> <退出>：（光标向下移动，单击鼠标左键）。
> 指定要偏移的对象，或[退出（E）/放弃（U）]<退出>：（按〈Enter〉键或〈Esc〉键）。

单击"绘图"工具栏上的"圆"按钮⊘，命令按 AutoCAD 提示：

> 指定圆的圆心或[三点（3P）/两点（2P）/相切、相切、半径（T）]：（拾取A点）。
> 指定圆的半径或[直径（D）]：（输入"36"，按〈Enter〉键）。

注：数值"36"为圆 R24 与圆 R12 两半径之和。

该圆与偏移直线的交点即为点 D。

2）单击"绘图"工具栏上的"圆"按钮⊘，命令按 AutoCAD 提示：

> 指定圆的圆心或[三点（3P）/两点（2P）/相切、相切、半径（T）]：（拾取D点）。
> 指定圆的半径或[直径（D）]：（输入"24"，按〈Enter〉键）。

完成 R24 圆的绘制，如图 2-110 所示。

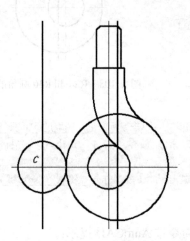

图 2-109　R14 圆的绘制

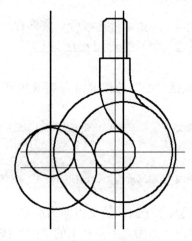

图 2-110　R24 圆的绘制

5．R2 圆弧的绘制

1）单击"修改"工具栏上的"圆角"按钮▨，或单击菜单项"修改"→"圆角"命令，按 AutoCAD 提示：

> 选取第一个对象或[放弃（U）/多段线（P）/半径（R）/修剪（T）/多个（M）]：（输入"R"，按〈Enter〉键）。
> 指定圆角半径<0.0000>：（输入"2"，按〈Enter〉键）。
> 选取第一个对象或[放弃（U）/多段线（P）/半径（R）/修剪（T）/多个（M）]：（单击鼠标左键，选取R24的圆）。
> 选择第二条直线，或按〈Shift〉选择要应用角点的对象：（单击鼠标左键，选取R14的圆）。

圆角的绘制如图 2-111 所示。

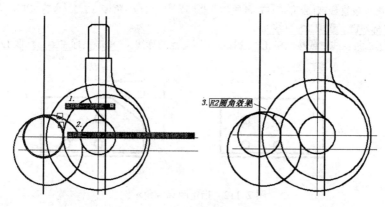

图 2-111 R2 圆角的绘制

2）利用修剪等命令，删除多余的线条，完成图 2-102 吊钩的绘制。

2.7.2 任务注释

1. 倒角命令

该命令用于将两条非平行直线或多段线以一斜线相连。

（1）输入命令

输入命令可以采用下列方法之一：

工具栏：单击"修改"工具栏"倒角"按钮 ▱。

菜单栏：选取"修改"菜单→"倒角"命令。

命令行：键盘输入"CHAMFER"或"CHA"。

（2）操作格式

在 AutoCAD 中，系统提供了多种倒角方式，如指定距离方式，指定距离、角度方式，多段线倒角方式等。本书主要介绍指定距离方式倒角和距离、角度方式倒角。

1）指定距离方式

以绘制图 2-112 为例说明。输入命令后，系统提示如下：

> 选择第一条直线或[放弃（U）多段线（P）/距离（D）/角度（A）/修剪（T）/方式（E）/多个（M）]：（输入"D"，按〈Enter〉键）。
> 指定第一个倒角距离<0.0000>：（输入"8"，按〈Enter〉键）。
> 指定第二个倒角距离<2.0000>：（输入"6"，按〈Enter〉键）。
> 选择第一条直线或[放弃（U）多段线（P）/距离（D）/角度（A）/修剪（T）/方式（E）/多个（M）]：（单击鼠标左键，选取 L3 直线）。
> 选择第二条直线，或按〈Shift〉选择要应用角点的直线：（单击鼠标左键，选取 L4 直线）。

2）指定距离、角度方式

以绘制图 2-113 为例说明。输入命令后，系统提示如下：

> 选择第一条直线或[放弃（U）多段线（P）/距离（D）/角度（A）/修剪（T）/方式（E）/多个（M）]：（输入"A"，按〈Enter〉键）。
> 指定第一条直线的倒角长度<0.0000>：（输入"13"，按〈Enter〉键）。
> 指定第一条直线的倒角角度<0>：（输入"35"，按〈Enter〉键）。

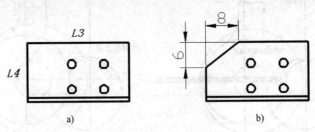

图 2-112　指定距离倒角示例

a) 倒角前　b) 倒角后

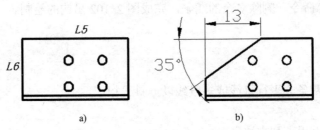

图 2-113　指定距离、角度倒角示例

a) 倒角前　b) 倒角后

（3）说明

1）默认情况下，需要选择进行倒角的两条相邻的直线，然后按当前的倒角大小对这两条直线倒角。除了"指定距离方式"和"指定距离、角度方式"倒角外，命令提示中还有如下功能:

修剪（T）:倒角后是否保留原拐角边;

方式（E）:设置倒角方式，选择此选项命令行显示"输入修剪方法[距离（D）/角度（A）]<距离>:"提示信息。选择其中一项，进行倒角。

多个（M）:对多个对象进行倒角。

2）绘制倒角时，倒角距离或倒角角度不能太大，否则倒角无效。

2．圆角命令

该命令与倒角相似，它主要将两个对象通过圆弧连接起来。以图 2-114 所示为例，其操作步骤如下。

（1）输入命令

输入命令可以采用下列方法之一:

工具栏:单击"修改"工具栏"圆角"按钮→。

菜单栏:选取"修改"菜单→"圆角"命令。

命令行:键盘输入"FILLET"。

（2）操作格式

执行上面命令之一，系统提示如下:

84

完成图2-114圆角的绘制。

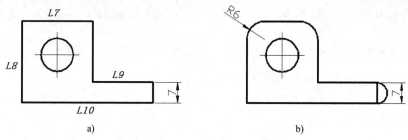

a)   b)

图2-114　圆角命令示例

a) 圆角前　b) 圆角后

2.7.3　知识拓展

1. 综合运用偏移命令、修剪命令和圆角命令完成图2-115的绘制。

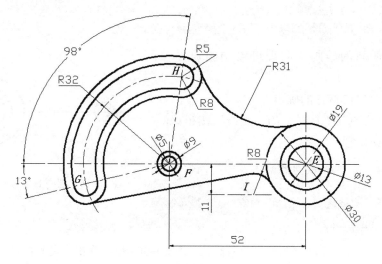

图2-115　拓展练习图一

（1）圆心 E 和圆心 F 的确定

1）单击"绘图"工具栏上的"直线"按钮，按 AutoCAD 提示：

指定第一点：（输入起始点）（用鼠标在绘图区任意位置拾取一点）。

指定下一点或【放弃（U）】：（单击状态栏上的"正交"按钮，向右移动光标确定直线前进方向，取任意长度，单击鼠标左键）。

指定下一点或【闭合（C）/放弃（U）】：（按〈Enter〉键或〈Esc〉键）。

（按空格键或〈Enter〉键，重复直线命令操作）。

指定第一点：（输入起始点）（用鼠标在已画的直线上方任意位置拾取一点）。

指定下一点或【放弃（U）】：（向下移动光标确定直线前进方向，取任意长度，单击鼠标左键）。

两直线的交点即为图 2-115 所示点 E。

2）单击"修改"工具栏上的"偏移"按钮，按 AutoCAD 提示：

指定偏移距离或[通过（T）/删除（E）/图层（L）]<1.0000>：（输入"52"，按〈Enter〉键）。

指定要偏移的对象，或[退出（E）/放弃（U）]<退出>：（单击鼠标左键，选取竖直直线）。

指定要偏移的那一侧上的点，或[退出（E）/多个（M）/放弃（U）] <退出>：（光标向左移动，单击鼠标左键）。

指定要偏移的对象或[退出（E）/放弃（U）]<退出>：（按〈Enter〉键或〈Esc〉键）。

该直线与水平直线的交点即为图 2-115 所示点 F。

3）单击"绘图"工具栏上的"圆"按钮，或单击菜单项"绘图"→"圆"→"圆心、半径"，命令按 AutoCAD 提示：

指定圆的圆心或[三点（3P）/两点（2P）/相切、相切、半径（T）]：（拾取 E 点，绘图中状态栏上的"对象捕捉"须处于打开状态）。

指定圆的半径或[直径（D）]：（输入"15"，按〈Enter〉键）。

4）完成圆 ϕ30 的绘制，同理可绘制圆 ϕ13 和圆 ϕ19。

5）单击"绘图"工具栏上的"圆"按钮，命令按 AutoCAD 提示：

指定圆的圆心或[三点（3P）/两点（2P）/相切、相切、半径（T）]：（拾取 F 点）。

指定圆的半径或[直径（D）]：（输入"2.5"，按〈Enter〉键）。

6）完成圆 ϕ5 的绘制，同理可绘制圆 ϕ9，如图 2-116 所示。

（2）圆心 G 和圆心 H 的确定

1）单击"绘图"工具栏上的"直线"按钮，按 AutoCAD 提示：

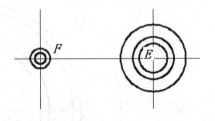

图 2-116　圆心 E 和圆心 F 的确定

指定第一点：（输入起始点）（用鼠标在绘图区任意位置拾取点）。

指定下一点或【闭合（C）/放弃（U）】：（输入"@100<82"，按〈Enter〉键）。

注："100"输入为长度，长度取值可随意，"180-98=82"旨在确定直线的方向。

（按空格键或〈Enter〉键，重复直线命令操作）。

指定第一点：（输入起始点）（用鼠标在绘图区任意位置拾取点）。

指定下一点或【闭合（C）/放弃（U）】：（输入"@100<-167"，按〈Enter〉键）。

注： "100" 输入为长度，长度取值可随意，"180-13=167"，由于直线为从水平线顺时针旋转，故取负值 "-167"。

2）单击"绘图"工具栏上的"圆"按钮 ⊙，命令按 AutoCAD 提示：

指定圆的圆心或[三点（3P）/两点（2P）/相切、相切、半径（T）]：（拾取 F 点）。

指定圆的半径或[直径（D）]：（输入 "32"，按〈Enter〉键）。

该圆与两条直线的交点即为圆心 G 和圆心 H。

3）单击"绘图"工具栏上的"圆"按钮 ⊙，命令按 AutoCAD 提示：

指定圆的圆心或[三点（3P）/两点（2P）/相切、相切、半径（T）]：（拾取 G 点）。

指定圆的半径或[直径（D）]：（输入 "5"，按〈Enter〉键）。

4）同理可绘制其他圆，如图 2-117 所示。

（3）内圆与外圆的绘制

1）单击"绘图"工具栏上的"圆"按钮 ⊙，命令按 AutoCAD 提示：

指定圆的圆心或[三点（3P）/两点（2P）/相切、相切、半径（T）]：（拾取 F 点）。

指定圆的半径或[直径（D）]：（捕捉交点如图 2-118 所示，单击鼠标左键）。

注： 利用对象捕捉功能，使用前右击状态栏上的"对象捕捉"按钮 ⊡，弹出快捷菜单，可查看并确定交点一项打勾。

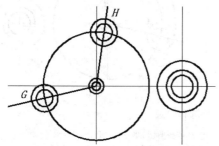

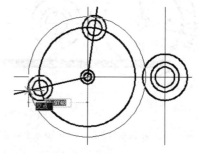

图 2-117　圆心 G 和圆心 H 的确定　　　　图 2-118　对象捕捉交点确定外圆

2）同理利用对象捕捉，绘制如图 2-119 所示。

3）单击"修改"工具栏上的"修剪"按钮 ⁄，或单击菜单项"修改"→"修剪"命令按 AutoCAD 提示：

选择对象或<全部选择>：（选取两个 R8 圆如图 2-120a 所示，按〈Enter〉键）。

选择要修剪的对象按住〈Shift〉键选择要延伸的对象，或[栏选（F）/窗交（C）/投影（P）/边（E）/删除（R）/放弃（U）]：（选取要剪切的圆弧如图 2-120b 所示，按〈Enter〉键或〈Esc〉键）。

完成修剪如图 2-120d 所示。

4）同理，应用圆命令和修剪命令完成与 R5 相切的内圆和外圆的修剪，如图 2-121 所示。

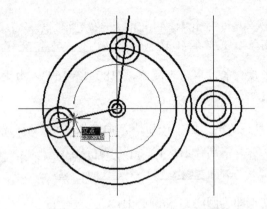

图 2-119　对象捕捉交点确定内圆

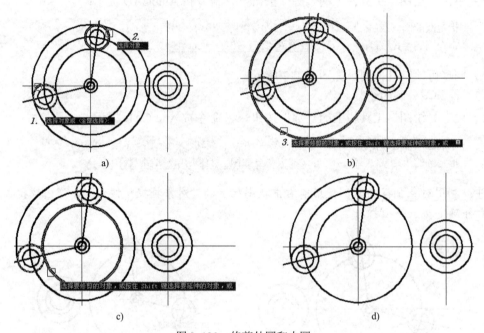

a)

b)

c)

d)

图 2-120　修剪外圆和内圆

a) 选取两个 R8 圆　b) 选取要剪切的圆弧　c) 选取要剪切的圆弧　d) 修剪效果

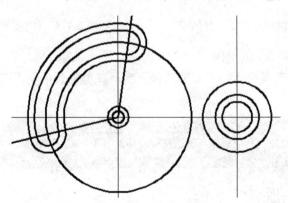

图 2-121　内圆和外圆修剪后效果

（4）连接曲线的绘制

1）单击"修改"工具栏上的→"圆角"按钮 🔲，或单击菜单项"修改"→"圆角"命令，按 AutoCAD 提示：

> 选取第一个对象或[放弃（U）/多段线（P）/半径（R）/修剪（T）/多个（M）]：<u>（输入"T"，按〈Enter〉键）</u>。
> 输入修剪模式选项[修剪（T）/不修剪（N）]<修剪>：<u>（输入"N"，按〈Enter〉键）</u>。
> 选取第一个对象或[放弃（U）/多段线（P）/半径（R）/修剪（T）/多个（M）]：<u>（输入"R"，按〈Enter〉键）</u>。
> 指定圆角半径<0.0000>：<u>（输入"31"，按〈Enter〉键）</u>。
> 选取第一个对象或[放弃（U）/多段线（P）/半径（R）/修剪（T）/多个（M）]：<u>（单击鼠标左键，选取外圆如图 2-122a 所示）</u>。
> 选择第二条直线，或按〈Shift〉选择要应用角点的对象：<u>（单击鼠标左键，选取直径为 30 的圆）</u>。

完成圆角的绘制如图 2-122b 所示。

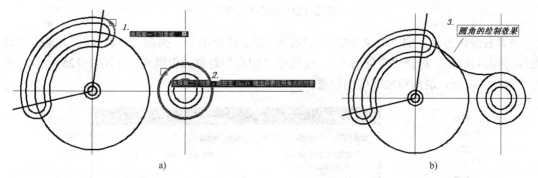

图 2-122　圆角的绘制

a) 选取相切的对象　b) 圆弧绘制效果

2）单击"修改"工具栏上的"偏移"按钮 🔲，按 AutoCAD 提示：

> 指定偏移距离或[通过（T）/删除（E）/图层（L）]<1.0000>：<u>（输入"11"，按〈Enter〉键）</u>。

注：数值"43"为圆 R14 与圆 R29 两半径之和。

> 指定要偏移的对象，或[退出（E）/放弃（U）]<退出>：<u>（单击鼠标左键，选取水平直线）</u>。
> 指定要偏移的那一侧上的点，或[退出（E）/多个（M）/放弃（U）] <退出>：<u>（光标向下移动，单击鼠标左键）</u>。
> 指定要偏移的对象，或[退出（E）/放弃（U）]<退出>：<u>（按〈Enter〉键或〈Esc〉键）</u>。

3）单击"绘图"工具栏上的"圆"按钮 🔲，命令按 AutoCAD 提示：

> 指定圆的圆心或[三点（3P）/两点（2P）/相切、相切、半径（T）]：<u>（拾取图 2-115 所示 E 点）</u>。
> 指定圆的半径或[直径（D）]：<u>（输入"23"，按〈Enter〉键）</u>。

注：数值"23"为圆 ϕ30 与圆弧 R8 两半径之和。

该圆与偏移直线的交点即为点 I。

4）单击"绘图"工具栏上的"圆"按钮 🔲，命令按 AutoCAD 提示：

指定圆的圆心或[三点（3P）/两点（2P）/相切、相切、半径（T）]：（拾取 I 点）。
指定圆的半径或[直径（D）]：（输入"8"，按〈Enter〉键）。

绘制效果如图 2-123 所示。

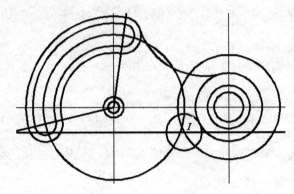

图 2-123　圆心 I 的确定

5）右击状态栏上的"对象捕捉"按钮![icon]，弹出快捷菜单，如图 2-124 所示。单击"设置"，弹出对话框，选择"全部清除"，仅选中"切点"对象捕捉模式，如图 2-125 所示。单击"确定"按钮，退出对象捕捉的设置。

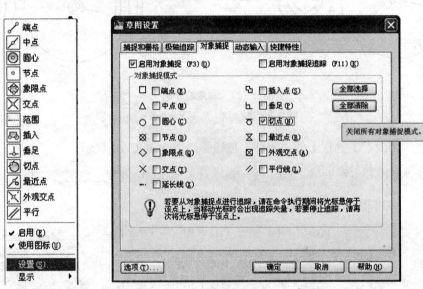

图 2-124　快捷菜单　　　　图 2-125　对象捕捉设置对话框

6）单击"绘图"工具栏上的"直线"按钮![icon]，按 AutoCAD 提示：

指定第一点：（![icon]"对象捕捉"处于打开状态，在圆 R8 上半圆弧任意位置单击鼠标左键如图 2-126 所示）。
指定下一点或【放弃（U）】：（在圆弧 R8 任意位置单击鼠标左键图 2-126 所示，按〈Enter〉键或〈Esc〉键）。

7）完成切线的绘制，利用删除和修剪命令最终完成图 2-115 效果图的绘制。

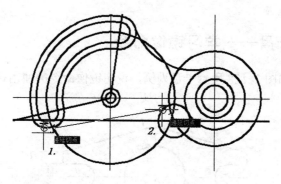

图 2-126　切线的绘制

2.7.4　课后练习

绘制如图 2-127 所示平面图形

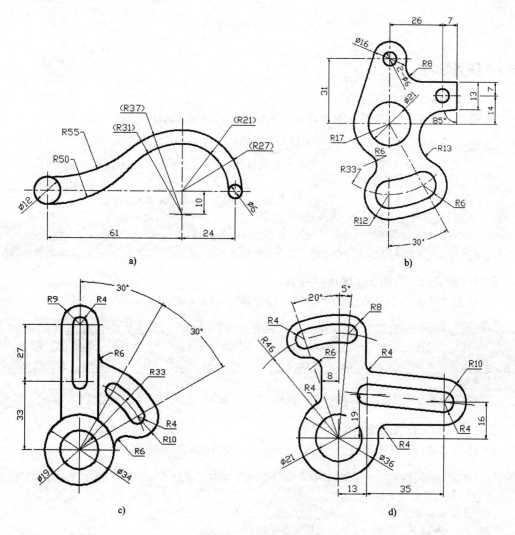

图 2-127　课后练习题

任务 2.8 绘制卡盘——学习镜像命令

本任务将以绘制如图 2-128 所示卡盘为例，说明镜像命令的使用技巧与方法。

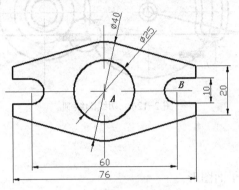

图 2-128 卡盘的绘制

2.8.1 任务学习

1．绘制 1/4 卡盘

1）单击"绘图"工具栏上的"直线"按钮，按 AutoCAD 提示：

> 指定第一点：（输入起始点）（用鼠标在绘图区任意位置拾取一点）。
> 指定下一点或【放弃（U）】：（单击状态栏上的"正交"按钮，向右移动光标确定直线前进方向，取任意长度，单击鼠标左键）。
> 指定下一点或【闭合（C）/放弃（U）】：（按〈Enter〉键或〈Esc〉键）。
> （按空格键或〈Enter〉键，重复直线命令操作）。
> 指定第一点：（输入起始点）（用鼠标在已画的直线上方任意位置拾取一点）。
> 指定下一点或【放弃（U）】：（向下移动光标确定直线前进方向，取任意长度，单击鼠标左键）。

两直线的交点即为图 2-128 所示点 A。

2）单击"修改"工具栏上的"偏移"按钮，按 AutoCAD 提示：

> 指定偏移距离或[通过（T）/删除（E）/图层（L）]<1.0000>：（输入"30"，按〈Enter〉键）。
> 指定要偏移的对象，或[退出（E）/放弃（U）]<退出>：（单击鼠标左键，选取竖直直线）。
> 指定要偏移的那一侧上的点，或[退出（E）/多个（M）/放弃（U）]<退出>：（光标向右移动，单击鼠标左键）。
> 指定要偏移的对象，或[退出（E）/放弃（U）]<退出>：（按〈Enter〉键或〈Esc〉键）。

该直线与水平直线的交点即为点 B。

3）单击"绘图"工具栏上的"圆"按钮，按 AutoCAD 提示：

> 指定圆的圆心或[三点（3P）/两点（2P）/相切、相切、半径（T）]：（拾取 A 点，绘图中状态栏上的 □ "对象捕捉"须处于打开状态）。
> 指定圆的半径或[直径（D）]：（输入"12.5"，按〈Enter〉键）。
> （按空格键或〈Enter〉键，重复圆命令操作）。
> 指定圆的圆心或[三点（3P）/两点（2P）/相切、相切、半径（T）]：（拾取 A 点）。

指定圆的半径或[直径（D）]:（输入"20"，按〈Enter〉键）。

（按空格键或〈Enter〉键，重复圆命令操作）。

指定圆的圆心或[三点（3P）/两点（2P）/相切、相切、半径（T）]:（拾取 B 点）。

指定圆的半径或[直径（D）]:（输入"5"，按〈Enter〉键）。

效果如图 2-129 所示。

4）单击"修改"工具栏上的"偏移"按钮，按
AutoCAD 提示：

指定偏移距离或[通过（T）/删除（E）/图层（L）]
<1.0000>:（输入"38"，按〈Enter〉键）。

指定要偏移的对象或[退出（E）/放弃（U）]<退出>:
（单击鼠标左键，选取过 A 点的竖直直线）。

指定要偏移的那一侧上的点或[退出（E）/多个（M）/放
弃（U）]<退出>:（光标向右移动，单击鼠标左键）。

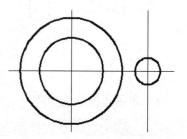

图 2-129　圆心位置的确定

指定要偏移的对象或[退出（E）/放弃（U）<退出>:（按
〈Enter〉键或〈Esc〉键）。

（按空格键或〈Enter〉键，重复偏移命令操作）。

指定偏移距离或[通过（T）/删除（E）/图层（L）]<1.0000>:（输入"10"，按〈Enter〉键）。

指定要偏移的对象或[退出（E）/放弃（U）]<退出>：（单击鼠标左键，选取水平直线）。

指定要偏移的那一侧上的点，或[退出（E）/多个（M）/放弃（U）]<退出>:（光标向上移动，
单击鼠标左键）。

指定要偏移的对象或[退出（E）/放弃（U）]<退出>:（按〈Enter〉键或〈Esc〉键）。

5）单击"绘图"工具栏上的"直线"按钮，按 AutoCAD 提示：

指定第一点:（输入起始点）（拾取半径为 5mm 的圆的象限点如图 2-130a 所示）。

指定下一点或【放弃（U）】:（单击状态栏上的"正交"按钮，向右移动光标确定直线前进方
向，捕捉垂足如图 2-130b 所示，单击鼠标左键）。

指定下一点或【闭合（C）/放弃（U）】:（按〈Enter〉键或〈Esc〉键）。

（按空格键或〈Enter〉键，重复直线命令操作）。

指定第一点:（输入起始点）（拾取交点如图 2-131a 所示，单击鼠标左键）。

指定下一点或【放弃（U）】:（捕捉切点如图 2-131b 所示，单击鼠标左键）。

指定下一点或【闭合（C）/放弃（U）】:（按〈Enter〉键或〈Esc〉键）。

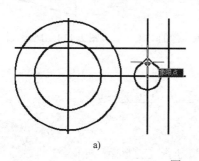
a)

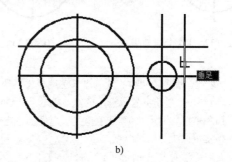
b)

图 2-130　直线的绘制

a) 象限点捕捉　b) 垂足捕捉

完成切线的绘制如图 2-131c 所示。

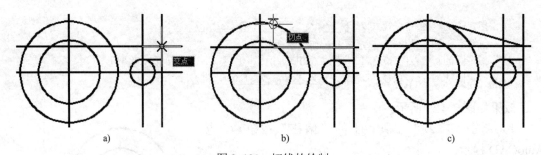

图 2-131 切线的绘制

a) 捕捉交点 b) 捕捉切点 c) 切线效果

6）单击"修改"工具栏上的"修剪"按钮 ⊬，按 AutoCAD 提示：

选择对象或<全部选择>：（框选整个图形，按〈Enter〉键）。

选择要修剪的对象，或按住〈Shift〉键选择要延伸的对象，或[栏选（F）/窗交（C）/投影（P）/边（E）/删除（R）/放弃（U）]：（选取要剪切的线段与圆弧，按〈Enter〉键或〈Esc〉键）。

7）利用删除命令，删除多余的线条，效果如图 2-132 所示。

2. 卡盘的镜像

单击"修改"工具栏上的"镜像"按钮 ⚏，或单击菜单项"修改"→"镜像"命令，按 AutoCAD 提示（镜像命令）：

选择对象：（拾取要镜像的线条，如图 2-133 所示，按〈Enter〉键）。

指定镜像线的第一个点：（拾取点 A）。

指定镜像线的第二个点：（拾取点 B）。

要删除源对象吗？[是（Y）/否（N）]<N>：（输入"N"，按〈Enter〉键）。

完成 1/2 卡盘的绘制，如图 2-134 所示。

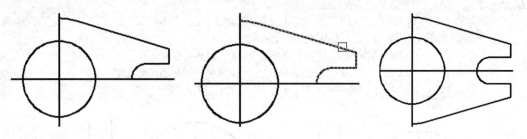

图 2-132 1/4 卡盘效果图   图 2-133 拾取镜像的对象   图 2-134 1/2 卡盘的绘制

（按空格键或〈Enter〉键，重复镜像命令操作）。

选择对象：（拾取要镜像的线条，如图 2-135a 所示，按〈Enter〉键）。

指定镜像线的第一个点：（拾取交点如图 2-135b）。

指定镜像线的第二个点：（拾取交点如图 2-135b）。

要删除源对象吗？[是（Y）/否（N）]<N>：（输入"N"，按〈Enter〉键）。

完成图 2-128 所示卡盘的绘制。

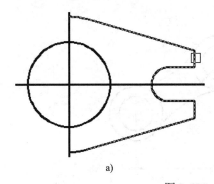
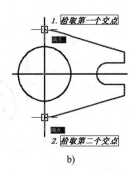

a)   b)

图 2-135   1/2 卡盘的镜像

a) 拾取镜像的对象   b) 选取镜像线

2.8.2   任务注释

镜像命令：该命令用于绘制结构规格且有对称特点的图形。以图 2-136 所示为例，其操作步骤如下。

（1）输入命令

输入命令可以采用下列方法之一：

工具栏：单击"修改"工具栏"镜像"按钮△。

菜单栏：选取"修改"菜单→"镜像"命令。

命令行：键盘输入"MIRROR/MI"或"MI"。

（2）操作格式

执行上面命令之一，系统提示如下：

> 选择对象：（拾取要镜像的线条，按〈Enter〉键）。
> 指定镜像线的第一个点：（拾取点 C）。
> 指定镜像线的第二个点：（拾取点 D）。
> 要删除源对象吗？[是（Y）/否（N）]<N>：（系统默认"N"，直接按〈Enter〉键）。

注：要删除源对象，则输入"Y"，按〈Enter〉键。

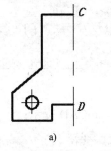
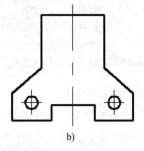

a)   b)

图 2-136   镜像示例

a) 镜像前   b) 镜像后

2.8.3   知识拓展

综合运用镜像命令、复制命令和圆角命令完成图 2-137 的绘制。

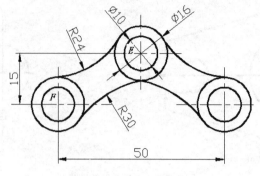

图 2-137　拓展图形一

（1）绘制 1/2 图形

1）单击"绘图"工具栏上的"直线"按钮 ，按 AutoCAD 提示：

> 指定第一点：（输入起始点）（用鼠标在绘图区任意位置拾取一点）。
> 指定下一点或【放弃（U）】：（单击状态栏上的"正交"按钮 ，向右移动光标确定直线前进方向，取任意长度，单击鼠标左键）。
> 指定下一点或【闭合（C）/放弃（U）】：（按〈Enter〉键或〈Esc〉键）。
> （按空格键或〈Enter〉键，重复直线命令操作）。
> 指定第一点：（输入起始点）（用鼠标在已画的直线上方任意位置拾取一点）。
> 指定下一点或【放弃（U）】：（向下移动光标确定直线前进方向，取任意长度，单击鼠标左键）。

两直线的交点即为图 2-137 所示点 E。

2）单击"修改"工具栏上的"偏移"按钮 ，按 AutoCAD 提示：

> 指定偏移距离或[通过（T）/删除（E）/图层（L）]<1.0000>：（输入"15"，按〈Enter〉键）。
> 指定要偏移的对象，或[退出（E）/放弃（U）]<退出>：（单击鼠标左键，选取水平直线）。
> 指定要偏移的那一侧上的点，或[退出（E）/多个（M）/放弃（U）]<退出>：（光标向下移动，单击鼠标左键）。
> 指定要偏移的对象，或[退出（E）/放弃（U）]<退出>：（按〈Enter〉键或〈Esc〉键）。
> （按空格键或〈Enter〉键，重复偏移命令操作）。
> 指定偏移距离或[通过（T）/删除（E）/图层（L）]<1.0000>：（输入"25"，按〈Enter〉键）。
> 指定要偏移的对象，或[退出（E）/放弃（U）]<退出>：（单击鼠标左键，选取竖直直线）。
> 指定要偏移的那一侧上的点，或[退出（E）/多个（M）/放弃（U）]<退出>：（光标向左移动，单击鼠标左键）。
> 指定要偏移的对象，或[退出（E）/放弃（U）]<退出>：（按〈Enter〉键或〈Esc〉键）。

两条偏移直线的交点即为点 F。

3）单击"绘图"工具栏上的"圆"按钮 ，按 AutoCAD 提示：

> 指定圆的圆心或[三点（3P）/两点（2P）/相切、相切、半径（T）]：（拾取 E 点，绘图中状态栏上的 "对象捕捉"须处于打开状态）。
> 指定圆的半径或[直径（D）]：（输入"5"，按〈Enter〉键）。
> （按空格键或〈Enter〉键，重复圆命令操作）。
> 指定圆的圆心或[三点（3P）/两点（2P）/相切、相切、半径（T）]：（拾取 E 点，绘图中状态栏上的 "对象捕捉"须处于打开状态）。
> 指定圆的半径或[直径（D）]：（输入"8"，按〈Enter〉键）。

4）单击"修改"工具栏上的"复制"按钮 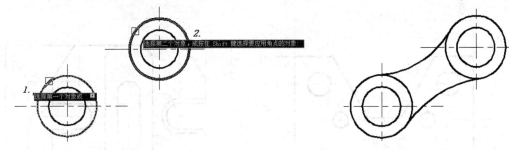，按 AutoCAD 命令行提示：

选择对象：（选择两个圆，按〈Enter〉键）。
指定基点或[位移（D）/模式（O）]<D>：（选取圆心 E）。
指定基点或[位移（D）/模式（O）]<位移>：指定第二个点或<使用第一个点作为位移>：（选取点 F）。
指定第二个点或[退出（E）/放弃（U）]<退出>：（按〈Enter〉键或〈Esc〉键）。

5）单击"修改"工具栏上的按钮 ，按 AutoCAD 提示：

选取第一个对象或[放弃（U）/多段线（P）/半径（R）/修剪（T）/多个（M）]：（输入"R"，按〈Enter〉键）。
指定圆角半径<0.0000>：（输入"24"，按〈Enter〉键）。
选取第一个对象或[放弃（U）/多段线（P）/半径（R）/修剪（T）/多个（M）]：（单击鼠标左键，拾取与圆弧相切的一个圆，如图 2-138 所示）。
选择第二条直线，或按〈Shift〉键选择要应用角点的对象：（单击鼠标左键，拾取与圆弧相切的另一个圆，如图 2-138 所示）。

6）完成相切圆弧的绘制，同理，利用圆角命令完成如图 2-139 所示效果图。

图 2-138　绘制圆角时圆的拾取　　　　　图 2-139　1/2 图形的绘制效果

（2）1/2 图形的镜像

单击"修改"工具栏上的"镜像"按钮 ，或单击菜单项"修改"→"镜像"命令，按 AutoCAD 提示：

选择对象：（拾取要镜像的线条，如图 2-140 所示，按〈Enter〉键）。
指定镜像线的第一个点：（拾取点 E，如图 2-141 所示）。
指定镜像线的第二个点：（拾取一个交点，如图 2-141 所示）。
要删除源对象吗？[是（Y）/否（N）]<N>：（输入"N"，按〈Enter〉键）。

完成拓展图形一的绘制。

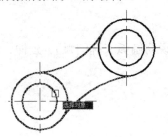
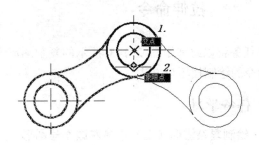

图 2-140　拾取镜像的对象　　　　　　　　图 2-141　镜像线的选择

2.8.4 课后练习

绘制如图 2-142 所示平面图形。

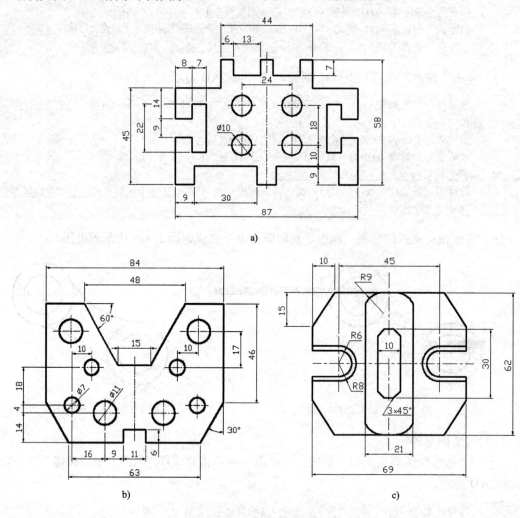

图 2-142　课后练习题

任务 2.9　复杂图形的绘制——学习圆弧（椭圆弧）、延伸、移动、拉伸命令

本任务将以绘制如图 2-143 所示的复杂图形为例，说明圆弧（椭圆弧）、延伸、移动、拉伸命令的绘制技巧与方法。

2.9.1 任务学习

1. 绘制复杂图形（五）中最左边 1 号图形

1）单击"绘图"工具栏上的"直线"按钮 ，按 AutoCAD 提示：

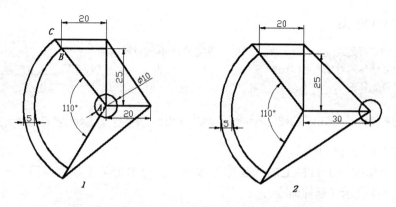

图 2-143 复杂图形（五）

该直线的端点即为点 B。

2）单击"绘图"工具栏上的"圆"按钮⊘，按 AutoCAD 提示：

3）单击"绘图"工具栏"圆弧"按钮◢，或者选取"绘图"菜单→"圆弧"命令→"起点、圆心、端点"，按 AutoCAD 提示（圆弧命令）：

4）单击"绘图"工具栏上的"直线"按钮⁄，按 AutoCAD 提示：

5）单击"修改"工具栏上的"偏移"按钮▣，或单击菜单项"修改"→"偏移"命令，按 AutoCAD 提示：

> 指定偏移距离或[通过（T）/删除（E）/图层（L）]<通过>：(输入"5"，按〈Enter〉键)。
> 指定要偏移的对象，或[退出（E）/放弃（U）]<退出>：(单击鼠标左键，选取圆弧)。
> 指定要偏移的那一侧上的点，或[退出（E）/多个（M）/放弃（U）] <退出>：(光标向左移动，单击鼠标左键)。
> 指定要偏移的对象，或[退出（E）/放弃（U）]<退出>：(按〈Enter〉键或〈Esc〉键)。

图形效果如图 2-144 所示。

6）单击"修改"工具栏上的"延伸"按钮⊢⁄，或单击菜单项"修改"→"延伸"命令，按 AutoCAD 提示（延伸命令）：

> 选择对象或<全部选择>：(选项偏移后的圆弧，按〈Enter〉键)。
> 选择要延伸的对象，或按住〈Shift〉键选择要修剪的对象，或[栏选（F）/窗交（C）/投影（P）/边（E）/删除（R）/放弃（U）]：(选取要延伸的直线，按〈Enter〉键或〈Esc〉键)。

图形效果如图 2-145 所示。

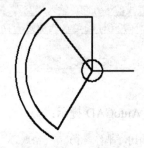 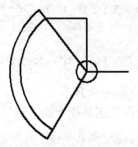

图 2-144　偏移后效果图　　　　图 2-145　延伸后效果图

7）单击"绘图"工具栏上的"直线"按钮╱，按 AutoCAD 提示：

> 指定第一点：(输入起始点)(拾取圆弧的端点 C)。
> 指定下一点或【放弃（U）】：(单击状态栏上的"正交"按钮▣，向右移动光标确定直线前进方向，输入任意长度，单击鼠标左键)。
> 指定下一点或【闭合（C）/放弃（U）】：(按〈Enter〉键或〈Esc〉键)。
> (按空格键或〈Enter〉键，重复直线命令操作)。

8）单击"修改"工具栏上的"延伸"按钮⊢⁄，或单击菜单项"修改"→"延伸"命令，按 AutoCAD 提示：

> 选择对象或<全部选择>：(选项直线如图 2-146a 所示，按〈Enter〉键)。
> 选择要延伸的对象，或按住〈Shift〉键选择要修剪的对象，或[栏选（F）/窗交（C）/投影（P）/边（E）/删除（R）/放弃（U）]：(选取要延伸的直线 2-146b，按〈Enter〉键或〈Esc〉键)。

9）单击"修改"工具栏上的"修剪"按钮╱⁻，或单击菜单项"修改"→"修剪"命令按 AutoCAD 提示：

> 选择对象或<全部选择>：(选取竖直直线如图 2-147a 所示，按〈Enter〉键)。
> 选择要修剪的对象，或按住〈Shift〉键选择要延伸的对象，或[栏选（F）/窗交（C）/投影（P）/边（E）/删除（R）/放弃（U）]：(选取要剪切的线段如图 2-147b 所示，按〈Enter〉键或〈Esc〉键)。

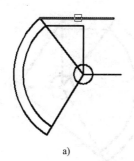
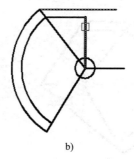

a)   b)

图 2-146　延伸命令的运用

a) 选择对象　b) 选择要延伸的对象

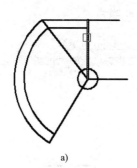
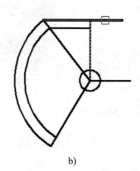

a)   b)

图 2-147　修剪命令的运用

a) 选择对象　b) 选择要修剪的对象

10）利用直线命令将线段连接，完成图 2-143 中 1 号图形的绘制。

2．绘制复杂图形（五）中 2 号图形

1）单击"修改"工具栏上的"复制"按钮，按 AutoCAD 命令行提示：

> 选择对象：（选择 1 号图形，按〈Enter〉键）。
> 指定基点或[位移（D）/模式（O）]<D>：（选取图面任意一点）。
> 指定基点或[位移（D）/模式（O）]<位移>：指定第二个点或<使用第一个点作为位移>：（打开正交按钮，将向右边移动光标，适当的位置鼠标左键确定）。
> 指定第二个点或[退出（E）/放弃（U）]<退出>：（按〈Enter〉键或〈Esc〉键）。

复制生成一个新的图形。

2）单击"修改"工具栏上的"移动"按钮，或单击菜单项"修改"→"移动"命令，按 AutoCAD 提示（移动命令）：

> 选择对象：（选择直径为 10 的小圆，按〈Enter〉键）。
> 指定基点或位移[位移（D）]<位移>：（拾取圆心如图 2-148a 所示）。
> 指定第二个点或<使用第一个点作为位移>：（拾取端点如图 2-148b 所示）。

3）单击"修改"工具栏上的"拉伸"按钮，或单击菜单项"修改"→"拉伸"命令，按 AutoCAD 提示（拉伸命令）：

> 选择对象：（用交叉窗口方式从右上角往左下角窗口方式选择要拉伸的对象，如图 2-149a 所示，按〈Enter〉键）。

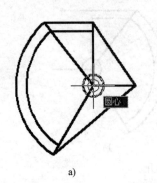
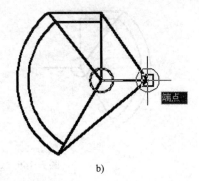

a)   b)

图 2-148　移动命令的运用

a) 指定基点　b) 指定第二个点

指定基点或[位移（D）] <位移>：（选取交点如图 2-149b 所示）。
　　　　指定第二个点或<使用第一个点作为位移>：（单击状态栏上的"正交"按钮![按钮]，向右移动光标确定拉伸方向，输入"15"，按〈Enter〉键）。

注：拉伸长度为"30-20=10"。

完成复杂图形（五）中 2 号图形的绘制。

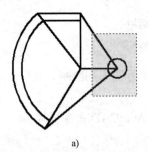
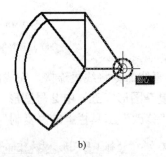

a)   b)

图 2-149　拉伸命令的运用

a) 从右上角往左下角窗口方式选择　　b) 指定基点

2.9.2　任务注释

1. 圆弧命令

该命令可以根据指定的命令来绘制圆弧，AutoCAD 中提供了 11 种绘制圆弧的方式，如图 2-150 所示。本书主要介绍"三点"方式、"起点、圆心、端点"方式、"起点、圆心、角度"方式和"起点、圆心、长度"方式共 4 种。

（1）三点方式

以绘制图 2-151 为例，其操作步骤如下。

1）输入命令

输入命令可以采用下列方法之一：

工具栏：单击"绘图"工具栏"圆弧"按钮![按钮]。

菜单栏：选取"绘图"菜单→"圆弧"命令→"三点"。

命令行：键盘输入"ARC"。

2）操作格式

执行上面命令之一，系统提示如下：

> 指定圆弧的起点或[圆心（C）]:（拾取点 a，单击鼠标左键）。
> 指定圆弧的第二点或[圆心（C）/端点（E）]:（拾取点 c，单击鼠标左键）。
> 指定圆弧的端点:（拾取点 b，单击鼠标左键）。

（2）起点、圆心、端点方式

以绘制图 2-152 为例，其操作步骤如下。

1）输入命令

输入命令可以采用下列方法之一：

工具栏：单击"绘图"工具栏"圆弧"按钮 。

菜单栏：选取"绘图"菜单→"圆弧"命令→"起点、圆心、端点"。

命令行：键盘输入"ARC"。

2）操作格式

执行上面命令之一，系统提示如下：

图 2-150　绘制圆弧的 11 种方式

> 指定圆弧的起点或[圆心（C）]:（拾取点 c，单击鼠标左键）。
> 指定圆弧的第二点或[圆心（C）/端点（E）]:（输入"C"，按〈Enter〉键）。
> 指定圆弧的圆心:（拾取中点 a，单击鼠标左键）。
> 指定圆弧的端点或[角度（A）/弦长（L）]:（拾取点 b，单击鼠标左键）。

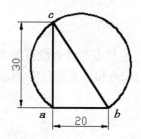

图 2-151　"三点方式"绘制圆弧示例

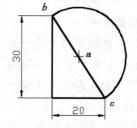

图 2-152　"起点、圆心、端点"绘制圆弧示例

（3）起点、圆心、角度方式

我们还是以绘制图 2-152 为例，其操作步骤如下。

1）输入命令

输入命令可以采用下列方法之一：

工具栏：单击"绘图"工具栏"圆弧"按钮 。

菜单栏：选取"绘图"菜单→"圆弧"命令→"起点、圆心、角度"。

命令行：键盘输入"ARC"。

2）操作格式

执行上面命令之一，系统提示如下：

3）说明

默认状态下，角度方向设置为逆时针，如果输入正值，绘制的圆弧从起点绕圆心沿逆时针方向绘出；如果输入负值，则沿顺时针方向绘出。

（4）起点、圆心、长度方式

以绘制图 2-153 为例，其操作步骤如下。

1）输入命令

输入命令可以采用下列方法之一：

工具栏：单击"绘图"工具栏"圆弧"按钮 。

菜单栏：选取"绘图"菜单→"圆弧"命令→"起点、圆心、长度"。

命令行：键盘输入"ARC"。

2）操作格式

执行上面命令之一，系统提示如下：

注：弦长有正负之分。

（5）椭圆弧命令

椭圆弧命令是椭圆命令的一部分，和椭圆不同的是它的起点和终点没有闭合。绘制椭圆弧需要确定的参数有椭圆弧所在椭圆的两条轴及椭圆弧的起点和终点的角度。

以绘制图 2-154 为例，其操作步骤如下。

1）输入命令

输入命令可以采用下列方法之一：

工具栏：单击"绘图"工具栏"椭圆弧"按钮 。

菜单栏：选取"绘图"菜单→"椭圆"命令→"圆弧"命令。

2）操作格式

执行上面命令之一，系统提示如下：

完成图形 2-154 椭圆弧的绘制。

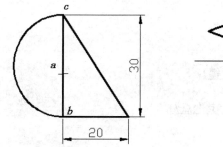
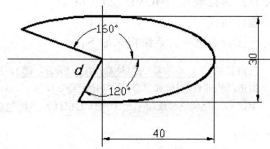

图 2-153 "起点、圆心、长度" 绘制圆弧示例　　　图 2-154　椭圆弧绘制示例

2．延伸命令

延伸命令的使用方法与修剪命令的使用方法相似。该功能可以将对象延伸到指定的边界。以图 2-155a 为例，其操作步骤如下。

（1）输入命令

输入命令可以采用下列方法之一：

工具栏：单击"修改"工具栏"延伸"按钮 ┤ 。

菜单栏：选取"修改"菜单→"延伸"命令。

命令行：键盘输入"EXTEND"或"EX"。

（2）操作格式

执行上面命令之一，系统提示如下：

> 选择对象或<全部选择>：（拾取圆弧，按〈Enter〉键）。
> 选择要延伸的对象，或按〈Shift〉键选择要修剪的对象，或[栏选（F）/窗交（C）/投影（P）/边（E）/放弃（U）]：（拾取直线）。

完成直线的延伸，如图 2-155b 所示。

a)　　　　　　　　　　　　　　　　b)

图 2-155　延伸命令示例

a) 延伸对象前　b) 延伸对象后

3．移动命令

该功能可以将对象移动到指定位置。以图 2-156 为例，其操作步骤如下。

（1）输入命令

输入命令可以采用下列方法之一：

工具栏：单击"修改"工具栏"移动"按钮 ✛ 。

菜单栏：选取"修改"菜单→"移动"命令。

命令行：键盘输入"MOVE"或"M"。

（2）操作格式

执行上面命令之一，系统提示如下：

> 选择对象：(拾取要移动的对象，按〈Enter〉键)。
>
> 指定基点或位移[位移（D）]：(拾取点 e)。
>
> 指定第二个点或（使用第一个点作为位移）：(拾取点 f)。

（3）说明

在命令"指定基点或位移[位移（D）]"中，有两个选择：选择基点和输入位移量。

1）选择基点：选一个点作为基点，根据提示指定第二个点，按〈Enter〉键，系统将对象沿两点确定的位置矢量移动到新的位置。此选项为默认选项。

2）输入移动位置：在提示基点或位移时，输入当前对象沿 X 轴和 Y 轴的位移量，然后在"指定第二个点或（使用第一个点作为位移）："指示时，按〈Enter〉键，系统将移动到矢量确定的新位置。

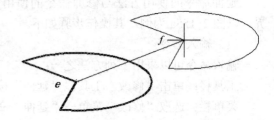

图 2-156　移动命令示例

4．拉伸命令

该功能可以将对象进行拉伸或移动。执行该命令必须使用窗口方式选择对象。若整个对象位于窗口内，则执行结果是移动对象；当对象与选择窗口相交时，执行结果则是拉伸或压缩对象。以图 2-157a 为例，实现拉伸，其操作步骤如下。

（1）输入命令

输入命令可以采用下列方法之一：

工具栏：单击"修改"工具栏"拉伸"按钮。

菜单栏：选取"修改"菜单→"拉伸"命令。

命令行：键盘输入"STRETCH"或"S"。

（2）操作格式

执行上面命令之一，系统提示如下：

> 选择对象：(用交叉窗口方式选择要拉伸的对象，如图 2-157b 所示，按〈Enter〉键)。

注：用交叉窗口方式选择时，从右上角向左下角拉出窗口。

> 指定基点或[位移（D）]<位移>：(选取图面上任意一点)。
>
> 指定第二个点或<使用第一个点作为位移>：(单击状态栏上的"正交"按钮，向上移动光标确定拉伸方向，输入"10"，按〈Enter〉键)。

完成图形的拉伸，如图 2-157c 所示。

2.9.3　课后练习

综合运用绘图命令和修改命令，绘制如图 2-158 所示平面图形。

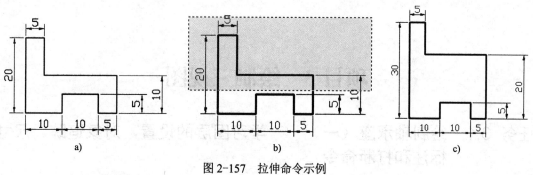

图 2-157 拉伸命令示例

a) 拉伸前 b) 交叉窗口选择拉伸对象 c) 拉伸后

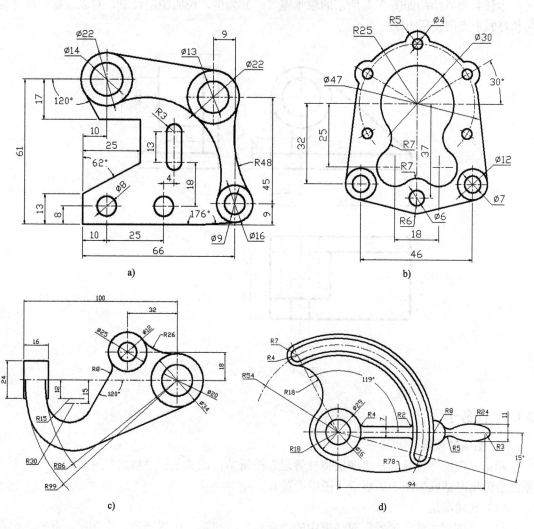

图 2-158 课后练习题

项目 3 绘制三视图

任务 3.1 绘制轴承座（一）——学习图层的设置，对象追踪、尺寸标注和打断命令

本任务将以绘制如图 3-1 所示的轴承座（一）为例，说明图层设置、对象追踪、尺寸标注和打断于点的使用方法。

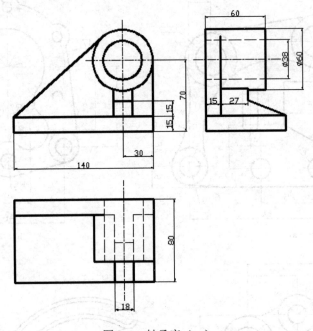

图 3-1 轴承座（一）

3.1.1 任务学习

1. 图层的设置

单击"图层"工具栏→"图层特性管理"按钮，或菜单栏"格式"→"图层"命令，系统会弹出对话框如图 3-2 所示（图层设置）。

（1）新建图层

单击"图层特性管理器"对话框中的"新建"按钮，可以新建一个图层，此时，名称文本框处于可编辑状态，输入名称"轮廓线"。

用同样的方法可以再新建图层，分别为图层"中心线"、"虚线"和"尺寸标注线"，如图 3-3 所示。

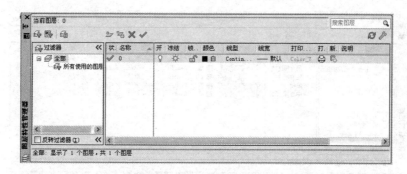

图 3-2　图层特性管理器

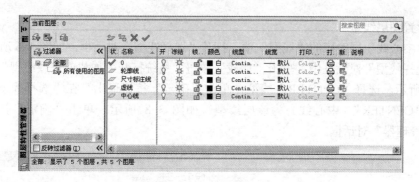

图 3-3　新建图层

（2）设置图层颜色

单击"中心线"层的对应的"颜色"项，打开"选择颜色"对话框，如图 3-4 所示，选择红色为该层颜色，单击"确定"按钮，返回"图层特性管理器"对话框。

图 3-4　"选择颜色"对话框

用同样的方法设置"轮廓线"为白色，"尺寸标注线"为"绿色"，虚线为"蓝色"。如图 3-5 所示。

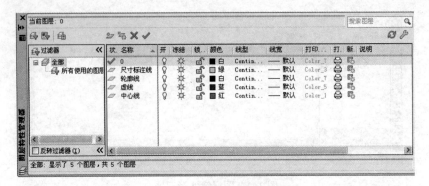

图 3-5　图层颜色的设置

（3）设置图层线型

单击"中心线"层对应的"线型"项，打开"选择线型"对话框，如图 3-6 所示。

在"选择线型"对话框中，单击"加载"按钮，系统打开"加载或重载线型"对话框，如图 3-7 所示。选择"CENTER"线型，单击"确定"按钮退出。在"选择线型"对话框中，选择"CENTER"（中心线）为该层线型，如图 3-8 所示，单击"确定"按钮，返回"图层特性管理器"对话框。

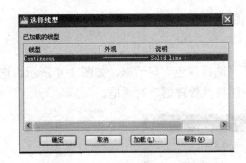

图 3-6　"选择线型"对话框

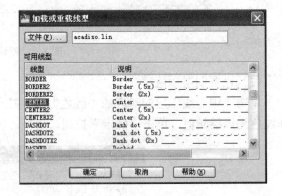

图 3-7　"加载或重载线型"对话框

利用同样的方法设置"虚线"层的"线型"项。

单击"虚线"层对应的"线型"项，打开"选择线型"对话框，在"选择线型"对话框中，单击"加载"按钮，系统打开"加载或重载线型"对话框，选择"ACAD_ISO02W100"线型，单击"确定"按钮退出。在"选择线型"对话框中，选择"ACAD_ISO02W100"（虚线）为该层线型，单击"确定"按钮，返回"图层特性管理器"对话框。

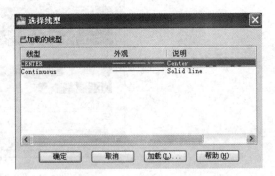

图 3-8　选择"CENTER"为该层线型

"轮廓线"层和"尺寸标注线"层默认为"Continuous"（连续线），不做修改，如图 3-9 所示。

110

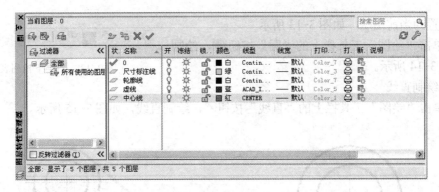

图 3-9　图层线型的设置

（4）设置图层线宽

单击"中心线"层对应的"线宽"项，打开"选择线型"对话框，如图 3-10 所示。

选择"0.15mm"作为线宽，单击"确定"按钮退出。

利用同样的方法设置"轮廓线"为 0.35mm，"尺寸标注线"为 0.15mm，虚线为 0.15mm。如图 3-11 所示。

图 3-10　"线宽"对话框

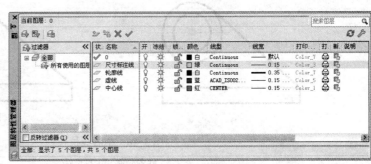

图 3-11　图层线宽的设置

选择"中心线"层，单击"置为当前"按钮✔，将其设置为当前层，然后关闭"图层特性管理器"对话框。

2. 绘制主视图

（1）绘制中心线

绘图中状态栏上的"对象捕捉" 🔲、"正交" 🔳、"显示线宽"按钮 ➕ 均处于打开状态。

注：➕ "显示线宽"可以将绘图中按图层设置，显示线宽。

单击"绘图"工具栏上的"直线"按钮 ✏，绘制中心线，如图 3-12 所示。

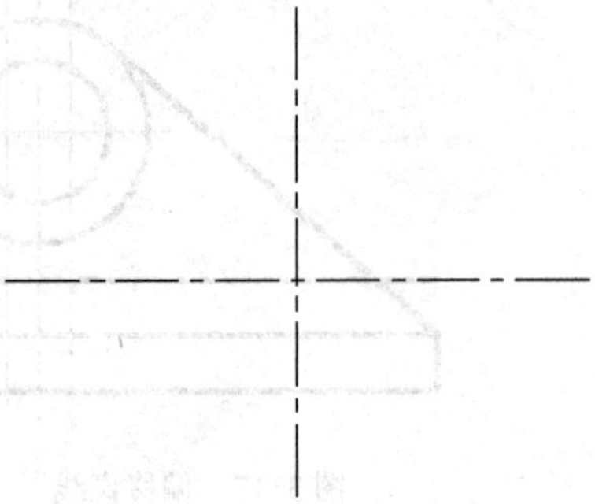

（2）绘制 φ38 和 φ60 圆

1）单击"图层"工具栏中图层下拉列表的下三角按钮，选中"轮廓线"层，将"轮廓

图 3-12　绘制中心线

线"层设置为当前图层，如图 3-13 所示。

2）单击"绘图"工具栏上的"圆"按钮◎，绘制
圆，如图 3-14 所示。

图 3-13　图层下拉列表

（3）绘制直线

1）单击"绘图"工具栏上的"直线"按钮✒，绘制直线，如图 3-15 所示。

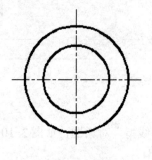

图 3-14　绘制圆

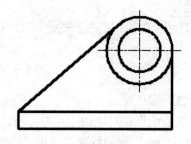

图 3-15　绘制直线

2）利用夹点编辑功能，将竖直中心线拉长，如图 3-16 所示。

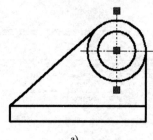

a)   b)

图 3-16　中心线拉长

a) 拉长前　b) 拉长后

3）单击"修改"工具栏上的"偏移"按钮⚋，偏移直线，如图 3-17 所示。

4）单击"修改"工具栏上的"修剪"按钮✂，修剪多余的线条，如图 3-18 所示。

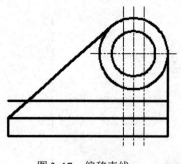

图 3-17　偏移直线

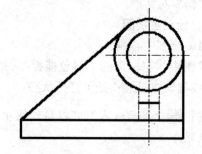

图 3-18　修剪直线

5）选中主视图中偏移并修剪后的中心线，如图 3-18 所示。单击"图层"工具栏中图层
下拉列表的下三角按钮，选中"轮廓线"层，将偏移后线段转换成"轮廓线"层，按

〈Esc〉结束选择，如图 3-19 所示。完成主视图的绘制。

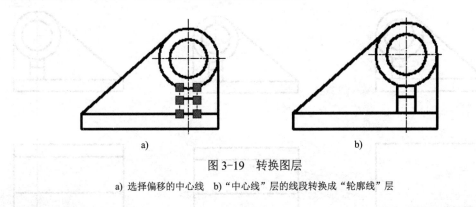

a)   b)

图 3-19 转换图层

a) 选择偏移的中心线 b) "中心线" 层的线段转换成 "轮廓线" 层

3．绘制俯视图

1）单击"绘图"工具栏上的"直线"按钮，绘制直线。

注：利用"对象捕捉追踪"功能实现主视图和俯视图的长对正（对象追踪）。

指定第一点：（输入起始点）（将鼠标移至端点处，向下移动光标，适当的长度后单击鼠标左键，如图 3-20 所示）。

注：将鼠标移至端点处时，不要单击鼠标左键。

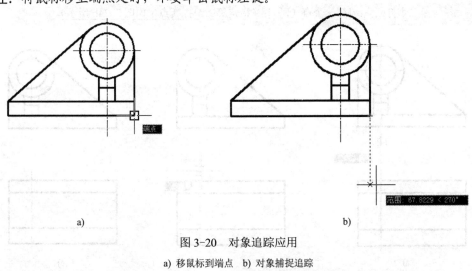

a)   b)

图 3-20 对象追踪应用

a) 移鼠标到端点 b) 对象捕捉追踪

指定下一点或【闭合（C）/放弃（U）】：（向下移动光标，输入"80"，按〈Enter〉键）。
指定下一点或【闭合（C）/放弃（U）】：（向左移动光标输入"140"，按〈Enter〉键）。
指定下一点或【闭合（C）/放弃（U）】：（向上移动光标，输入"80"，按〈Enter〉键）。
指定下一点或【闭合（C）/放弃（U）】：（输入"C"，按〈Enter〉键）。

完成底板俯视图的绘制，如图 3-21 所示。

2）单击"修改"工具栏上的"偏移"按钮，以上部水平直线边缘为基准，向下偏移距离分别为 15 和 60，如图 3-22 所示。

3）利用夹点编辑功能，将竖直中心线拉长，如图 3-23 所示。

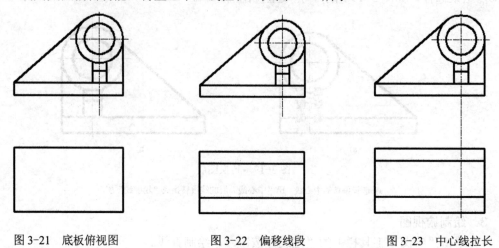

图 3-21　底板俯视图　　　　图 3-22　偏移线段　　　　图 3-23　中心线拉长

4）单击"修改"工具栏上的"打断"按钮，或单击菜单项"修改"→"打断"命令，按 AutoCAD 提示（打断命令）：

选择对象：（选择中心线，如图 3-24a 所示）。

注：此时鼠标单击的位置，将作为打断的第一个点的位置

指定第二个打断点或[第一个点（F）]：（指定第二个打断点，如图 3-24b 所示）。

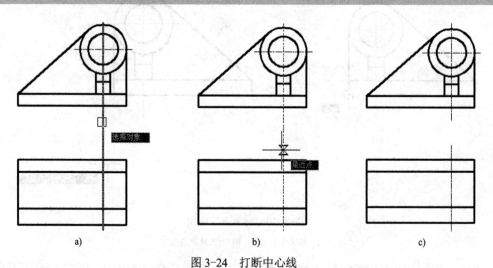

a)　　　　　　　　　　　b)　　　　　　　　　　　c)

图 3-24　打断中心线

a) 选择打断对象　b) 指定打断第二个点　c) 打断效果

5）单击"绘图"工具栏上的"直线"按钮，绘制辅助直线。

6）单击"修改"工具栏上的"偏移"按钮，偏移距离为 42，如图 3-25 所示。

注：从左视图中可得到偏移距离 15 + 27 = 42。

7）单击"修改"工具栏上的"修剪"按钮，修剪多余的线条，效果如图 3-26 所示。

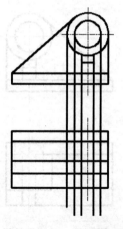
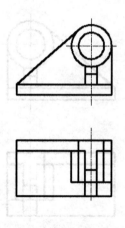

图 3-25　绘制辅助线　　　　　　　　　　图 3-26　修剪线段

8）单击"修改"工具栏上的"打断于点"按钮▭，按 AutoCAD 提示（打断命令）：

选择对象：（拾取将要打断的线段，如图 3-27a 所示）。
指定第二个打断点或[第一点（F）]："_f"（系统当前的信息提示）。
指定第一个打断点：（拾取交点如图 3-27b 所示）。
指定第二个打断点："@"（系统当前的信息提示）。

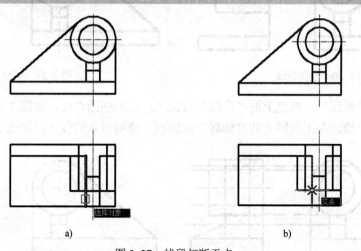

图 3-27　线段打断于点

a) 选择对象　b) 选择打断点

此时，该点将线段一分为二。

9）将打断后的线段一部分转换成"虚线"层，如图 3-28 所示。

10）利用同样的方法，结合"打断于点"与图层转换，完成俯视图的绘制，如图 3-29 所示。

4. 绘制左视图

1）单击"绘图"工具栏上的"直线"按钮／，绘制直线，如图 3-30 所示。

注： 利用"对象捕捉追踪"功能实现主视图和左视图的高平齐。

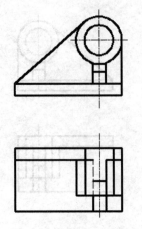
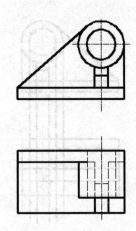

图 3-28　线段转换成"虚线"层　　　　　　　　图 3-29　俯视图效果

2）单击"修改"工具栏上的"偏移"按钮，以左视图左侧为基准向右偏移距离为 15 和 27，如图 3-31 所示。

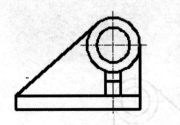
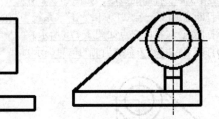

图 3-30　绘制直线　　　　　　　　　　　　　　　图 3-31　偏移直线

3）单击"绘图"工具栏上的"直线"按钮，绘制辅助直线，如图 3-32 所示。

4）单击"修改"工具栏上的"修剪"按钮，修剪多余的线条，如图 3-33 所示。

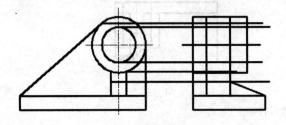
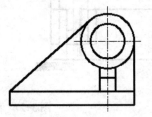

图 3-32　绘制辅助直线　　　　　　　　　　　　　图 3-33　修剪线段

5）将修剪后的线段转换成相应的"虚线"层和"中心线"层，如图 3-34 所示。

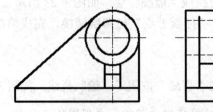

图 3-34　左视图效果

5．标注尺寸

（1）主视图的标注

1）在工具栏空白处单击右键，选择 AutoCAD 选项，在弹出的菜单中选择标注便可调出标注工具栏，如图 3-35 所示。

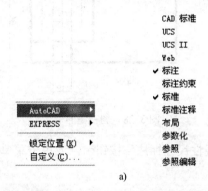

a)

b)

图 3-35　调出标注工具栏

a) 调出过程　b) 标注工具栏

2）单击"标注"工具栏中"线性尺寸标注"按钮⊢，或单击菜单项"标注"→"线性"命令，按 AutoCAD 提示：

> 指定第一条延伸线原点或<选择对象>：（拾取第一条尺寸界线的起点，如图 3-36a 所示）。
> 指定第二条延伸线原点：（拾取第二条尺寸界线的起点，如图 3-36b 所示）。
> 指定尺寸线位置或[多行文字（M）/文字（T）/角度（A）/水平（H）/垂直（V）/旋转（R）]：（指定尺寸放置位置，单击鼠标左键）。

标注结果如图 3-36c 所示。

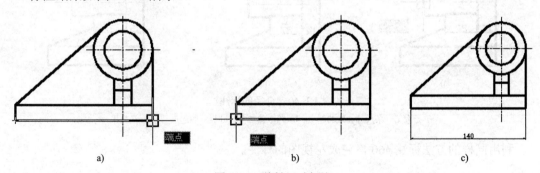

a)　　　　　　　　　　　b)　　　　　　　　　　　c)

图 3-36　线性尺寸标注

a) 拾取第一条尺寸界线的起点　b) 拾取第二条尺寸界线的起点　c) 标注效果

3）用同样的方法完成主视图的标注，如图 3-37 所示。

（2）俯视图的标注

利用同样的方法，完成俯视图的标注，如图 3-38 所示。

（3）左视图的标注

利用同样的方法，标注左视图，如图3-39所示。

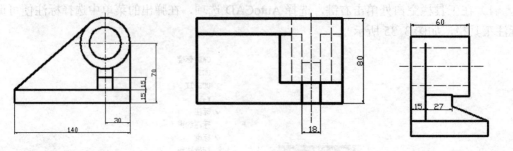

图3-37　主视图的标注　　　　图3-38　俯视图的标注　　　　图3-39　左视图的线性标注

单击"标注"工具栏中"线性尺寸标注"按钮┗┛，或单击菜单项"标注"→"线性"命令，按AutoCAD提示：

> 指定第一条延伸线原点或<选择对象>:（拾取第一条尺寸界线的起点，如图3-40a所示）。
> 指定第二条延伸线原点:（拾取第二条尺寸界线的起点，如图3-40b所示）。
> 指定尺寸线位置或[多行文字（M）/文字（T）/角度（A）/水平（H）/垂直（V）/旋转（R）]:（输入"T"，按〈Enter〉键）。
> 输入文字<38>:（输入"%%c38"，按〈Enter〉键）。
> 指定尺寸线位置或[多行文字（M）/文字（T）/角度（A）/水平（H）/垂直（V）/旋转（R）]:（指定尺寸放置位置，单击鼠标左键）。

标注效果如图3-40c所示。

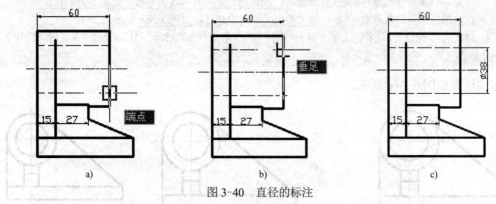

a)　　　　　　　　　　b)　　　　　　　　　　c)

图3-40　直径的标注

a）拾取第一条尺寸界线的起点　b）拾取第二条尺寸界线的起点　c）标注效果

利用同样的方法标注 $\phi60$，完成左视图的标注。

3.1.2　任务注释

1. 图层设置

图层是AutoCAD提供组织图形的强有力工具。我们可以把图层假想成一张没有厚度的透明纸，各图层之间完全对齐，用户可以给每一图层指定所用的线型、颜色和线宽等，并将具有相同线型和颜色的对象放在同一层里，这样就构成了一幅完成的图形。AutoCAD提供了大量的图层管理功能（打开/关闭、冻结/解冻、加锁/解锁等），这些功能在组织图层时非常方便。

（1）创建图层

1）输入命令。

输入命令可以采用下列方法之一：

工具栏：单击"图层"工具栏"图层特性管理"按钮。

菜单栏：选取"格式"菜单→"图层"命令。

命令行：键盘输入"LAYER"或"LA"。

执行完命令后，系统会弹出"图层特性管理器"对话框，如图 3-41 所示。

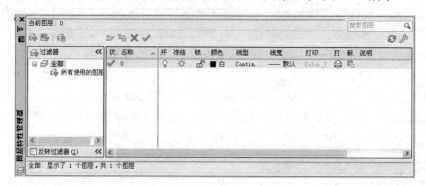

图 3-41　图层特性管理器

2）操作说明。

单击"图层特性管理器"对话框中的"新建"按钮，可以新建一个图层。默认情况下，创建的图层会依次以"图层 1"、"图层 2"等进行命名。

重命名的方法是：① 在名称文本框呈可编辑状态时，直接输入新的名称即可；② 右键单击创建的图层，在弹出的快捷菜单中选择"重命名图层"选项，此时名称文本框呈可编辑状态时，直接输入新的名称即可。

单击"图层特性管理器"对话框中的"删除"按钮，可以删除选定图层。

单击"图层特性管理器"对话框中的"置为当前"按钮，在图层列表中选中某一图层，然后单击该按钮，则把该图层设置为当前图层。

在图层列表中，每一个图层都有一列图标，其图标功能如下表 3-1 所示。

表 3-1　图层中图标功能

图 标	名 称	功 能
	打开/关闭	将图层设置为打开或关闭状态。当呈现关闭状态时，该图层上所有的对象将隐藏不显示，只有处于打开状态的图层会在绘图区显示并由打印机打印出来。 绘制复杂零件时，可先将不编辑的图层暂时关闭，可降低图形的复杂性
	解冻/冻结	将图层设定为解冻/冻结状态。当图层冻结时，该图层的对象均不会显示在绘图区，也不能由打印机打印，而且不会执行缩放和平移等操作。冻结时，可以加快绘图编辑的速度。对于（开/关闭）功能只能单纯将图形隐藏，不会加快绘图编辑的执行速度
	解锁/锁定	将图层设定为解锁/锁定状态。被锁定的图层，仍然在绘图区显示，但不能编辑修改，只能绘制新的图形，可防止重要图形被修改
	打印/不打印	设定图层是否可以打印

119

3）备注。

AutoCAD 中规定以下 4 类图层不能删除。

"0"层和"Defpoints"图层。

当前层。要删除当前层，可以先改变当前层到其他图层。

插入外部参照图层。要删除该层，必须先删除外部参照。

包含了可见图形对象的图层。要删除该层，必须先删除该图层中所有图形对象。

（2）设置图层颜色

在实际绘图中，为了区分不同的图层，可将不同的图层设置不同的颜色。每一个图层可以设置一种颜色。

新建图层后，要改变图层的颜色，可以在"图层特性管理器"选项板中单击该图层的"颜色"对应图标，系统弹出"选择颜色"对话框，如图 3-42 所示。

根据需要选择相应的颜色，单击"确定"按钮，完成设置图层颜色。

（3）设置图层线型

线型是图形基本元素中线条的组成和显示方式，如中心线和虚线等。

1）加载线型。单击图层对应的"线型"项，打开"选择线型"对话框，在默认状态下，系统已加载线型"Continuous"，如图 3-43 所示。

图 3-42 "选择颜色"对话框

图 3-43 "选择线型"对话框

如果要使用其他线型，在"选择线型"对话框中，单击"加载"按钮，系统打开"加载或重载线型"对话框，从对话框中选择相应线型，单击"确定"按钮退出。在"选择线型"对话框中，选择已加载线型为该层线型，单击"确定"按钮，返回"图层特性管理器"对话框，即完成图层中新线型的加载与应用，如图 3-44 所示。

2）设置线型比例。选取"格式"菜单中"线型"命令，系统弹出"线型管理器"对话框，可设置图形中的线型比例，如图 3-45 所示。

单击"显示细节"按钮，在"详细信息"区域中可以设置线型的"全局比例因子"和"当前对象缩放比例"。其中，"全局比例因子"用于设置图形中所有线型的比例，"当前对象缩放比例"用于设置当前选中线型的比例。

（4）设置图层线宽

线宽设置就是改变线条的宽度。在"图形特征管理器"对话框中，单击图层对应的

"线宽"项，打开"选择线型"对话框，如图 3-46 所示。选择所需线宽，单击"确定"按钮退出。

图 3-44 "加载或重载线型"对话框

图 3-45 线型管理器

选择菜单栏中的"格式"中的"线宽"命令，打开"线宽设置"对话框，通过调整线宽比例，改变图形中线宽显示的宽窄，如图 3-47 所示。

图 3-46 "线宽"对话框图

图 3-47 线宽设置

2．对象追踪

对象追踪包括"极轴追踪"和"对象捕捉追踪"两种方式。"极轴追踪"可以在设定的角度上精确移动光标和捕捉任意点；"对象捕捉追踪"是对象捕捉与极轴追踪的综合，可以通过制定对象点及制定的角度线的延长线上的任意点来进行捕捉。

（1）极轴追踪

以绘制图 3-48 中 200 的直线为例说明。

1）输入命令

输入命令可以采用下列方法之一：

连续按功能键〈F10〉，可以在开、关状态切换。

状态栏：单击状态栏上的"极轴追踪"按钮 。

2）操作格式

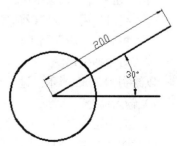

图 3-48 极轴追踪示例

执行上面的命令之一后，在 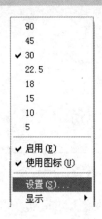 图标上单击鼠标右键，选择"设置"选项，如图 3-49 所示，系统弹出"草图设置"对话框，如图 3-50 所示。

> 在对话框中，增量角：输入"30"。
> "极轴角测量"选项组中：选中"绝对"。

图 3-49　快捷菜单　　　　　　　图 3-50　"草图设置"对话框

单击"确定"按钮，完成设置。利用直线命令绘制，此时系统自动捕捉30°增量角的方向，输入"200"，确定直线的长度，完成绘制，如图 3-51 所示。

3）说明

在"草图设置→极轴追踪"对话框中，各选项的功能如下。

"启用极轴追踪（F10）"复选框：此复选框用于控制极轴追踪方式的打开与关闭。

"极轴角设置"选项组中：

　　"增量角"用于设置角度增量的大小。

　　"附加角"复选框用来设置附加的角度。附加角与增量角不同，在极轴追踪中会捕捉增量角及其整数倍角度，并且捕捉附加角设定的角度，但不能捕捉附加角的整数倍角度。

"新建"按钮用于新增一个附加角。

"删除"按钮用于删除一个选定的附加角。

"对象捕捉追踪设置"选项组中：

　　"仅正交追踪"用于在对象捕捉追踪时采用正交方式。

　　"用所有极轴角设置追踪"用于在对象捕捉追踪时采用所有极轴角。

"极轴角测量"选项组中：

　　"绝对"用于设置极轴角为当前坐标系统绝对角度。

　　"相对上一段"用于设置极轴角为前一个绘制对象的相对角度。

（2）对象捕捉追踪

以绘制图 3-52 所示，过交点 a 点作长度为 100 的直线为例说明。

1）输入命令

输入命令可以采用下列方法之一：

连续按功能键〈F11〉，可以在开、关状态间切换。

状态栏：单击状态栏上的"对象追踪"按钮 。

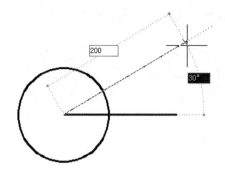

图 3-51　利用"极轴追踪"绘制直线

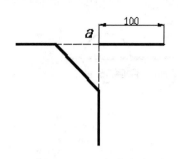

图 3-52　"对象追踪"示例

2）操作格式

执行上面的命令之一后，单击"直线"命令，捕捉斜线上方端点向右移动，再捕捉斜线下方端点向上移动，其虚线为对象捕捉追踪线，如图 3-53 所示，确定交点，绘制直线。

3．打断命令

该命令可以删除对象上的某一部分或把对象分成两部分。在 AutoCAD 中，有"打断"和"打断于点"两种。

图 3-53　利用"对象捕捉追踪"确定交点

（1）"打断"命令

打断是指在线条上创建两个点，从而将线条打断。

1）输入命令

输入命令可以采用下列方法之一：

工具栏：单击"修改"工具栏"打断"按钮。

菜单栏：选取"修改"菜单→"打断"命令。

命令行：键盘输入"BREAK"或"BR"。

2）操作格式

"打断"命令有两种方式，一种是直接指定两断点，另一种是先选取对象，再指定两个断点。

① 直接指定两个断点

执行上面的命令之一，系统提示如下：

> 选择对象：(拾取直线，指定打断点 1，如图 3-54a 所示)。
> 指定第二个打断点或[第一点（F）]：(指定打断点 2，如图 3-54b 所示)。

完成直线的打断，如图 3-54c 所示。

② 先选取对象，再指定两个断点

执行上面的命令之一，系统提示如下：

> 选择对象：(拾取直线，如图 3-55a 所示)。
> 指定第二个打断点或[第一点（F）]：(输入"F"，按〈Enter〉键)。
> 指定第一个打断点：(指定打断点 1，如图 3-55b 所示)。

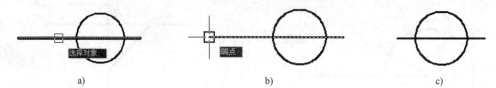

图 3-54 "直接指定两个打断点"打断方式

a) 拾取直线，指定打断点 1 b) 指定打断点 2 c) 打断效果图

完成直线的打断，如图 3-55d 所示。

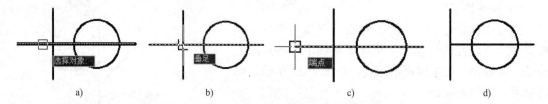

图 3-55 "先选取对象，再指定两个断点"打断方式

a) 选取打断对象 b) 指定打断点 1 c) 指定打断点 2 d) 打断效果图

（2）"打断于点"命令

"打断于点"可以将对象断开分成两部分，需要输入的参数有打断对象和一个打断点。打断对象之间没有间隙。

1）输入命令

工具栏：单击"修改"工具栏"打断于点"按钮 ⊏ 。

2）操作格式

执行上面的命令，系统提示如下：

选择对象：(拾取圆，如图 3-56a 所示)。
指定第二个打断点或[第一点（F）]："_f"（系统当前的信息提示）。
指定第一个打断点：(拾取交点如图 3-56b 所示)。
指定第二个打断点："@"（系统当前的信息提示）。

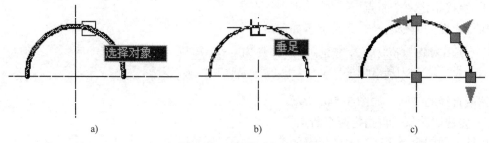

图 3-56 "打断于点"示例

a) 拾取圆 b) 拾取打断点 c) "打断于点"效果

"打断于点"效果如图 3-56c 所示。

124

注：打断于点后，在拾取点处对象被分成两个部分，外观上没有任何变化，此时可利用选择对象的夹点显示来识别是否已打断。

4. 尺寸标注

（1）线性标注。

以标注图 3-57 矩形为例说明。

1）输入命令。

输入命令可以采用下列方法之一：

工具栏：单击"标注"工具栏"线性"按钮⊢。

菜单栏：选取"标注"菜单→"线性"命令。

命令行：键盘输入"DIMLINEAR"。

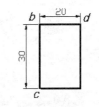

图 3-57　线性标注示例

2）操作格式。

执行上面的命令之一，系统提示如下：

> 指定第一条延伸线原点或<选择对象>：（拾取第一条尺寸界线的起点 *b*）。
> 指定第二条延伸线原点：（拾取第二条尺寸界线的起点 *d*）。
> 指定尺寸线位置或[多行文字（M）/文字（T）/角度（A）/水平（H）/垂直（V）/旋转（R）]：（移动鼠标指定尺寸放置位置，单击鼠标左键）。

利用同样的方法完成竖直尺寸的标注。

3）说明。

命令中各选项功能如下：

"指定尺寸线位置"：用于确定尺寸线的位置。可以通过移动光标来指定尺寸线的位置，确定位置后，按自动测量的长度标注尺寸。

"多行文字"：用于使用"多行文字编辑器"编辑尺寸数字。

"文字"：用于使用单行文字方式标注尺寸数字。

"角度"：用于设置尺寸数字的旋转角度。

"水平"：用于尺寸线水平标注。

"垂直"：用于尺寸线垂直标注。

"旋转"：用于尺寸线旋转标注。

（2）对齐标注

以标注图 3-58 为例说明对齐标注。

1）输入命令。

输入命令可以采用下列方法之一：

工具栏：单击"标注"工具栏"对齐"按钮↖。

菜单栏：选取"标注"菜单→"对齐"命令。

命令行：键盘输入"DIMALIGNED"。

2）操作格式。

执行上面的命令之一，系统提示如下：

> 指定第一条延伸线原点或<选择对象>：（拾取第一条尺寸界线的起点 *e*）。
> 指定第二条延伸线原点：（拾取第二条尺寸界线的起点 *f*）。

指定尺寸线位置或[多行文字（M）/文字（T）/角度（A）]:（移动鼠标指定尺寸放置位置，单击鼠标左键）。

（3）弧长标注

以标注图 3-59 为例说明弧长标注。

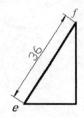

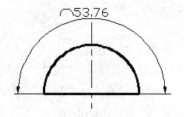

图 3-58　对齐标注示例

图 3-59　弧长标注示例

1）输入命令。

输入命令可以采用下列方法之一：

工具栏：单击“标注”工具栏“弧长”按钮。

菜单栏：选取“标注”菜单→“弧长”命令。

命令行：键盘输入“DIMARC”。

2）操作格式。

执行上面的命令之一，系统提示如下：

选择弧线段或多线段弧线段:（拾取圆弧）。

指定弧长标注位置或[多行文字（M）/文字（T）/角度（A）/部分（P）/引线（L）]:（移动鼠标指定尺寸放置位置，单击鼠标左键）。

（4）基线标注

该功能可以把已存在的一个线性尺寸的尺寸界限作为基线，来引出多条尺寸线。以图 3-60 为例说明基线标注。

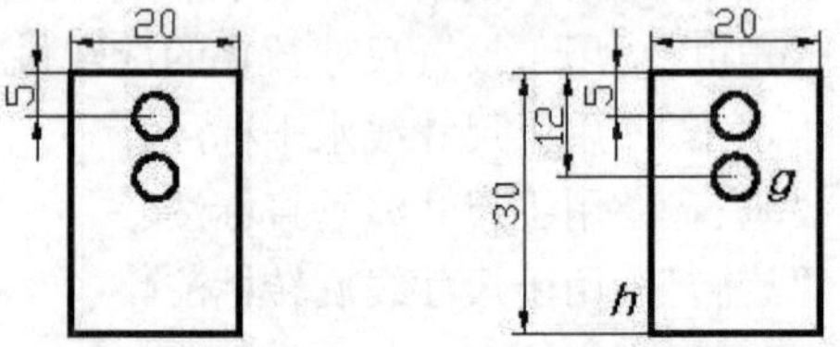

a)　b)

图 3-60　基线标注示例

a) 基线标注前　b) 基线标注后

1）输入命令。

输入命令可以采用下列方法之一：

工具栏：单击“标注”工具栏“基线”按钮。

菜单栏：选取“标注”菜单→“基线”命令。

命令行：键盘输入“DIMBASELINE”。

2）操作格式。

执行上面的命令之一，系统提示如下：

选择基准标注:（拾取已存在的线性尺寸）。

指定第二条延伸线原点或 [放弃（U）/选择（S）]<选择>:（指定第一个基线尺寸的尺寸界限圆心 *g*）。

3）说明。

命令中各选项含义如下：

"选择"：用于确定另一尺寸界限进行基线标注。

"放弃"：用于取消上一次操作。

（5）连续标注

该功能用于在同一尺寸线水平或垂直方向连续标注尺寸。以图 3-61 为例说明连续标注。

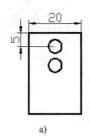 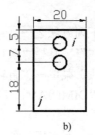

图 3-61　连续标注示例

a) 连续标注前　b) 连续标注后

1）输入命令。

输入命令可以采用下列方法之一：

工具栏：单击"标注"工具栏"连续"按钮。

菜单栏：选取"标注"菜单→"连续"命令。

命令行：键盘输入"DIMCONTINUE"。

2）操作格式。

执行上面的命令之一，系统提示如下：

3）说明。

标注连续尺寸前，必须存在一个尺寸界限起点。进行连续标注时，系统默认上一个尺寸线终点作为连续标注的起点，提示用户选择第二条延伸线起点，重复指定第二条延伸线起点，则创建出连续标注。命令中各选项含义与基线标注相似。

（6）半径标注

以标注图 3-62 为例说明半径标注。

1）输入命令。

输入命令可以采用下列方法之一：

工具栏：单击"标注"工具栏"半径"按钮。

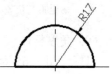

图 3-62　半径标注示例

127

菜单栏：选取"标注"菜单→"半径"命令。

命令行：键盘输入"DIMRADIUS"。

2）操作格式。

执行上面的命令之一，系统提示如下：

> 选择圆弧或圆：（拾取圆弧）。
>
> 指定尺寸的位置或[多行文字（M）/文字（T）/角度（A）]：（移动鼠标指定尺寸放置位置，单击鼠标左键）。

（7）直径标注

以标注图 3-63 为例说明直径标注。

1）输入命令。

输入命令可以采用下列方法之一：

工具栏：单击"标注"工具栏"直径"按钮 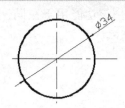。

菜单栏：选取"标注"菜单→"直径"命令。

命令行：键盘输入"DIMDIAMETER"。

图 3-63　直径标注示例

2）操作格式。

执行上面的命令之一，系统提示如下：

> 选择圆弧或圆：（拾取圆弧）。
>
> 指定尺寸的位置或[多行文字（M）/文字（T）/角度（A）]：（移动鼠标指定尺寸放置位置，单击鼠标左键）。

（8）折弯标注

该功能用于折弯标注圆或圆弧的半径。以标注图 3-64 为例说明折弯标注。

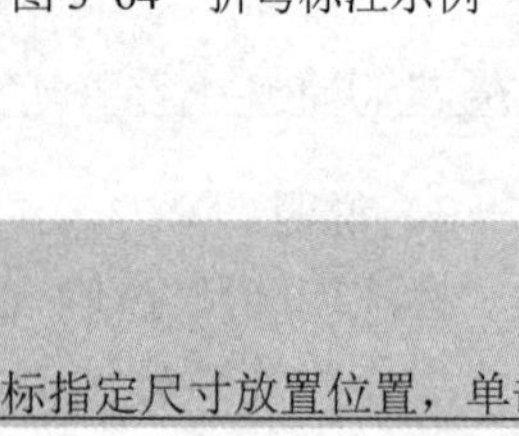

1）输入命令。

输入命令可以采用下列方法之一：

工具栏：单击"标注"工具栏"折弯"按钮 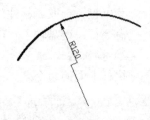。

菜单栏：选取"标注"菜单→"折弯"命令。

命令行：键盘输入"DIMJOGED"。

图 3-64　折弯标注示例

2）操作格式。

执行上面的命令之一，系统提示如下：

> 选择圆弧或圆：（拾取圆弧）。
> 指定图示中心位置：（指定折弯线起点的位置）。
> 指定尺寸的位置或[多行文字（M）/文字（T）/角度（A）]：（移动鼠标指定尺寸放置位置，单击鼠标左键）。
> 指定折弯位置：（移动鼠标指定折弯的位置）。

（9）角度标注

以标注图 3-65 为例说明角度标注。

1）输入命令。

输入命令可以采用下列方法之一：

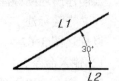

图 3-65　角度标注示例

工具栏：单击"标注"工具栏"角度"按钮 △。

菜单栏：选取"标注"菜单→"角度"命令。

命令行：键盘输入"DIMANGULAR"。

2）操作格式。

执行上面的命令之一，系统提示如下：

> 选择圆弧、圆、直线或<指定顶点>：（拾取直线 *L1*）。
> 选择第二条直线：（拾取直线 *L2*）。
> 指定标注弧线位置或[多行文字（M）/文字（T）/角度（A）/象限点（O）]：（移动鼠标指定尺寸放置位置，单击鼠标左键）。

（10）坐标标注

该功能用于标注某点相对于 UCS 坐标系原点的 X 和 Y 坐标。以标注图 3-66 为例说明坐标标注。

1）输入命令。

输入命令可以采用下列方法之一：

工具栏：单击"标注"工具栏"坐标"按钮 ⊥。

菜单栏：选取"标注"菜单→"坐标"命令。

命令行：键盘输入"DIMORDINATE"。

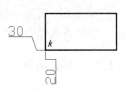

图 3-66　坐标标注示例

2）操作格式。

执行上面的命令之一，系统提示如下：

> 指定点坐标：（拾取 *k* 点）。
> 指定引线端点或[X 基准（X）/Y 基准（Y）/多行文字（M）/文字（T）/角度（A）]：（指定引线端点，单击鼠标左键）。

3）说明。

命令中各选项含义：

指定引线端点：拾取绘图区中的点确定标注文字的位置。

X 基准：系统自动测量 X 坐标值并确定引线和标注文字的方向。

Y 基准：系统自动测量 Y 坐标值并确定引线和标注文字的方向。

文字：可通过输入单行文字的方式输入文字。

多行文字：可通过输入多行文字的方式输入文字。

角度：可以设置标注文字的方向与 X（Y）轴的夹角，系统默认为 0°。

（11）折弯线性标注

在标注一些长度较大的轴类打断视图的长度尺寸时，可以使用折弯线性标注。以标注图 3-67 为例说明折弯标注。

1）输入命令。

输入命令可以采用下列方法之一：

工具栏：单击"标注"工具栏"折弯线性"按钮 ∿。

菜单栏：选取"标注"菜单→"折弯线性"命令。

命令行：键盘输入"DIMJOGLINE"。

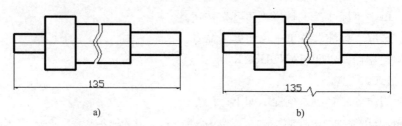

图 3-67　折弯线性标注示例

a) 折弯前　b) 折弯后

2）操作格式。

执行上面的命令之一，系统提示如下：

> 需要添加折弯的标注或[删除（R）]：（拾取标注 135）。
> 指定图示中心位置：（指定折弯线起点的位置）。
> 指定折弯位置（或按〈Enter〉键）：（移动鼠标指定折弯的位置）。

3.1.3　知识拓展

综合运用图层设置、尺寸标注和对象追踪等命令完成图 3-68 的绘制。

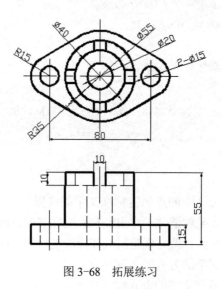

图 3-68　拓展练习

1. 图层设置

用"图层特性管理器"设置新图层，图层设置要求，见表 3-2。

表 3-2　新图层设置

名　　称	颜　　色	线　　型	线　宽
轮廓线	白色	Continuous（连续线）	0.5mm
尺寸标注线	绿色	Continuous	0.15mm
虚线	洋红色	ACAD_ISO02W100	0.15mm
中心线	红色	CENTER	0.15mm

设置完成如图 3-69 所示。

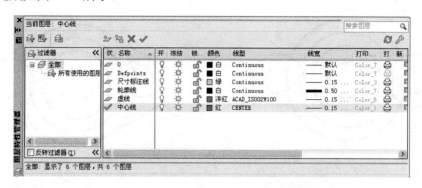

图 3-69 "图层特性管理器"新建图层的设置

选择"中心线"层,单击"置为当前"按钮✔,将其设置为当前层,然后关闭"图层特性管理器"对话框。

2. 绘制左视图

(1) 绘制中心线

1) 绘图中状态栏上的"对象捕捉"□、"正交"▇、"显示线宽"按钮➕处于打开状态。

2) 单击"绘图"工具栏上的"直线"按钮╱,绘制中心线,如图 3-70 所示。

3) 单击"修改"工具栏上的"偏移"按钮⊜,偏移距离 40mm,完成中心线的两次偏移,如图 3-71 所示。

图 3-70 绘制中心线　　　　　图 3-71 中心线的偏移

(2) 绘制圆

1) 单击"图层"工具栏中图层下拉列表的下三角按钮,选中"轮廓线"层,将"轮廓线"层设置为当前图层,如图 3-72 所示。

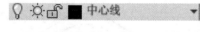

图 3-72 图层下拉列表

2) 单击"绘图"工具栏上的"圆"按钮⊙,绘制圆如图 3-73 所示。

3) 单击"绘图"工具栏上的"直线"按钮╱,按 AutoCAD 提示:

指定第一点:(输入起始点)(同时按下〈Shift〉键和单击鼠标右键,会弹出快捷菜单列出 AutoCAD 提供的"对象捕捉"模式,选择"切点",在半径为 15 圆弧任意位置单击鼠标左键)。

指定下一点或【放弃(U)】:(同时按下〈Shift〉键和单击鼠标右键,会弹出快捷菜单列出 AutoCAD 提供的对象捕捉模式,选择"切点",在半径为 35 圆弧任意位置单击鼠标左键)。

指定下一点或【闭合(C)/放弃(U)】:(按〈Enter〉键或〈Esc〉键)。

同理，绘制另三条切线，如图 3-74 所示。

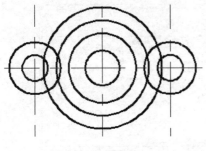

图 3-73　绘制圆

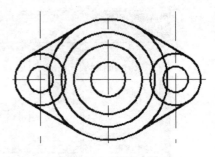

图 3-74　绘制切线

（3）四个槽的绘制

1）单击"修改"工具栏上的"偏移"按钮🔳，偏移距离 5，完成中心线的四次偏移，如图 3-75 所示。

2）选中主视图中偏移后的中心线，单击"图层"工具栏中图层下拉列表的下三角按钮，选中"轮廓线"层，将偏移后线段转换成"轮廓线"层，按〈Esc〉键结束选择，如图 3-76 所示。

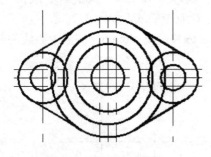

图 3-75　中心线的偏移

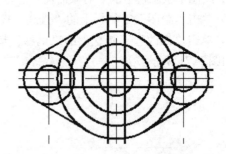

图 3-76　将图线由中心线层转换为轮廓线层

3）单击"修改"工具栏上的"修剪"按钮🔳，修剪多余的线条，效果如图 3-77 所示。

4）单击"修改"工具栏上的"打断"按钮🔳，或单击菜单项"修改"→"打断"命令，将中心线多余出来的部分打断，效果如图 3-78 所示。完成主视图的绘制。

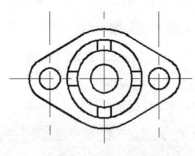

图 3-77　修剪多余的线条

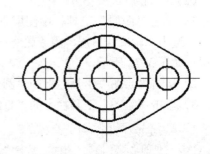

图 3-78　打断中心线

3. 绘制俯视图

1）单击"绘图"工具栏上的"直线"按钮🖊，绘制直线。

注：利用"对象捕捉追踪"功能实现主视图和俯视图的长对正。

注：将鼠标移至端点处时，不要单击鼠标左键。

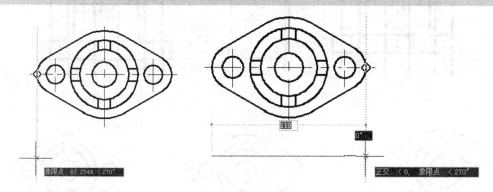

图 3-79 对象追踪第一个点   图 3-80 对象追踪第二个点

2）单击"绘图"工具栏上的"直线"按钮，绘制直线，完成如图 3-81 所示图形绘制。

3）利用夹点编辑功能，将竖直中心线拉长，如图 3-82 所示。

4）单击"修改"工具栏上的"打断"按钮，完成中心线的打断，如图 3-83 所示。

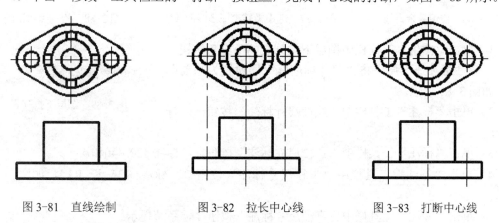

图 3-81 直线绘制   图 3-82 拉长中心线   图 3-83 打断中心线

5）单击"绘图"工具栏上的"直线"按钮绘制辅助线，如图 3-84 所示。

6）单击"修改"工具栏上的"偏移"按钮，偏移距离 10，如图 3-85 所示。

7）单击"修改"工具栏上的"修剪"按钮，修剪多余的线条，效果如图 3-86 所示。

8）选中俯视图中线条，如图 3-87 所示，单击"图层"工具栏中图层下拉列表的下三角按钮，选中"虚线"层，将线段转换成"虚线"层，按〈Esc〉键结束选择，如图 3-88 所示。

4．尺寸标注

（1）主视图的标注

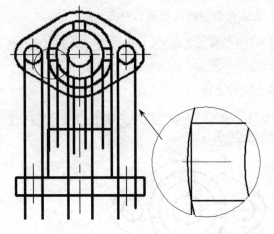

图 3-84　绘制辅助直线

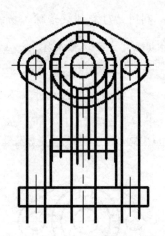

图 3-85　偏移直线

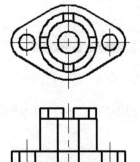

图 3-86　修剪多余直线

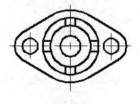
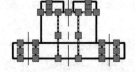

图 3-87　选中需转换成虚线的线段

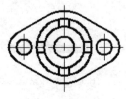
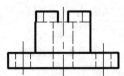

图 3-88　俯视图效果图

1）单击"图层"工具栏中图层下拉列表的下三角按钮，选中"尺寸标注线"层，将"尺寸标注线"层设置为当前图层，如图 3-89 所示。

图 3-89　图层下拉列表

2）单击"标注"工具栏中"线性尺寸标注"按钮┓，标注 80。

3）单击"标注"工具栏中"直径尺寸标注"按钮◎，标注 $\phi20,\phi40$ 和 $\phi55$。

4）单击"标注"工具栏中"半径尺寸标注"按钮◎，标注 R35 和 R15，如图 3-90 所示。

5）单击"标注"工具栏中"直径尺寸标注"按钮◎，系统提示：

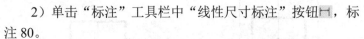

选择圆弧或圆：（拾取圆）。
指定尺寸的位置或[多行文字（M）/文字（T）/角度（A）]：（输入"T"，按〈Enter〉键）。
输入文字<38>：（输入"2-%%c15"，按〈Enter〉键）。
指定尺寸线位置或[多行文字（M）/文字（T）/角度（A）/水平（H）/垂直（V）/旋转（R）]：（指定尺寸放置位置，单击鼠标左键）。

如图 3-91 所示，完成主视图的标注。

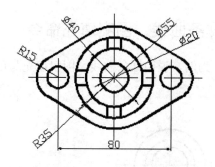

图 13-90　标注主视图

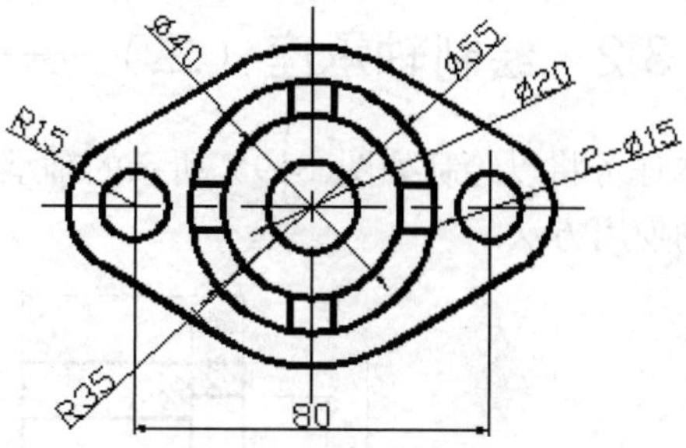

图 13-91　2－φ15 的标注

（2）俯视图的标注

单击"标注"工具栏中"线性尺寸标注"按钮，标注 10，55 和 15，如图 3-92 所示。

3.1.4　课后练习

1. 绘制如图 3-93 所示零件的三视图，要求图层设置见表 3-3。

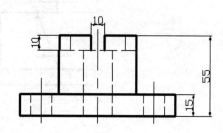

图 3-92　俯视图的标注

表 3-3

名　称	颜　色	线　型	线　宽
轮廓线	白色	Continuous（连续线）	0.7mm
尺寸线	绿色	Continuous	默认
中心线	红色	CENTER	默认
虚线	黄色	ACAD_ISO02W100	0.15mm

2. 根据所给轴测图 3-94 所示，绘制零件的三视图。

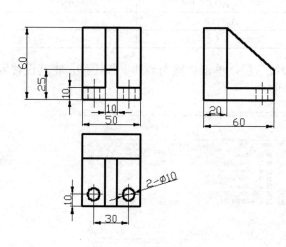

图 3-93　零件三视图

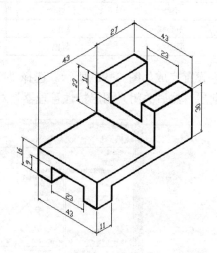

图 3-94　零件轴测图

任务 3.2 绘制轴承座（二）——学习样条曲线、图案填充命令

本任务将以绘制如图 3-95 所示的轴承座（二）为例，说明样条曲线、图案填充与尺寸编辑的使用方法。

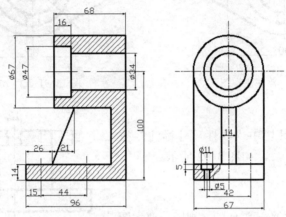

图 3-95 轴承座（二）

3.2.1 任务学习

1. 图层的设置

用"图层特性管理器"设置新图层，图层设置要求，如表 3-4 所示。

表 3-4 图层的设置

名称	颜色	线型	线宽
轮廓线	白色	Continuous（连续线）	0.3mm
尺寸标注线	绿色	Continuous	0.15mm
虚线	洋红色	ACAD_ISO02W100	0.15mm
中心线	红色	CENTER	0.15mm
剖面线	蓝色	Continuous（连续线）	0.15mm

设置完成如图 3-96 所示。选择"中心线"层，单击"置为当前"按钮 ✔，将其设置为当前层，然后关闭"图层特性管理器"对话框。

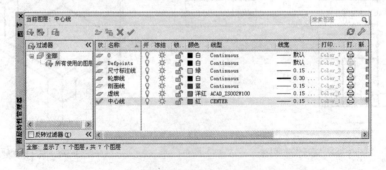

图 3-96 "图层特性管理器"新建图层的设置

2. 绘制左视图

（1）绘制中心线

绘图中状态栏上的"对象捕捉"□、"正交"□、"显示线宽"按钮⊞均处于打开状态。

单击"绘图"工具栏上的"直线"按钮╱，绘制中心线，如图 3-97 所示。

注：在对象捕捉设置中，打开"端点"、"圆心"、"交点"和"垂足"捕捉。

图 3-97　绘制中心线

（2）绘制圆

1）单击"图层"工具栏中图层下拉列表的下三角按钮，选中"轮廓线"层，将"轮廓线"层设置为当前图层，如图 3-98 所示。

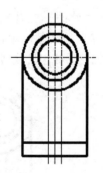

图 3-98　图层下拉列表

2）单击"绘图"工具栏上的"圆"按钮⊙，绘制圆如图 3-99 所示。

（3）绘制直线

1）单击"绘图"工具栏上的"直线"按钮╱，绘制如图 3-100 所示直线。

2）单击"修改"工具栏上的"偏移"按钮▣，偏移距离 7、7、14，如图 3-101 所示。

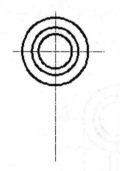 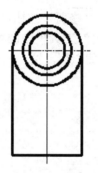 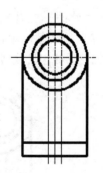

图 3-99　绘制圆　　　　　图 3-100　绘制直线　　　　　图 3-101　偏移线段

3）单击"修改"工具栏上的"修剪"按钮╱，修剪多余的线条，效果如图 3-102 所示。

4）选中偏移后的线条，单击"图层"工具栏中图层下拉列表的下三角按钮，选中"轮廓线"层，将偏移后线段转换成"轮廓线"层，按〈Esc〉键结束选择，如图 3-103 所示。

（4）绘制底板孔

1）单击"修改"工具栏上的"偏移"按钮▣，两侧偏移距离 21，如图 3-104 所示。

2）单击"修改"工具栏上的"打断"按钮□，将中心线多余出来的部分打断，效果如图 3-105 所示。

3）单击"修改"工具栏上的"偏移"按钮▣，偏移距离 5.5，5 和 2.5，如图 3-106 所示。

137

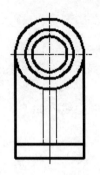
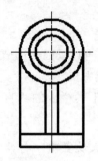

图 3-102　修剪线条　　　　　　　图 3-103　将图线由中心线层转换为轮廓线层

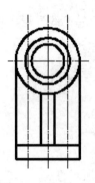
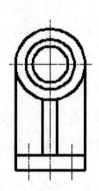
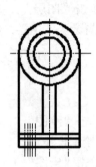

图 3-104　偏移中心线　　　　　图 3-105　打断中心线　　　　　图 3-106　偏移孔的中心线

4）单击"修改"工具栏上的 ✒ "修剪"按钮，修剪多余的线条，效果如图 3-107 所示。选中偏移后的线条，单击"图层"工具栏中图层下拉列表的下三角按钮，选中"轮廓线"层，将偏移后线段转换成"轮廓线"层，按〈Esc〉键结束选择，如图 3-108 所示。

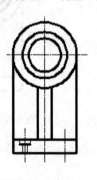
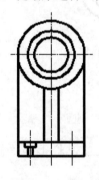

图 3-107　修剪孔线　　　　　　图 3-108　图层转换

5）单击"图层"工具栏中图层下拉列表的下三角按钮，选中"剖面线"层，将"剖面线"层设置为当前图层。

6）单击"绘图"工具栏上的"样条曲线"按钮 ∿ ，或单击菜单项"绘图"→"样条曲线"命令，按 AutoCAD 提示（样条曲线命令）：

> 指定第一个点或[对象（O）]:（在适当位置拾取起点）。

注：绘制样条曲线时，建议关闭"正交"按钮 █ 和"对象捕捉"按钮 ▢ 。

指定下一个点：(拾取第二个点，如图 3-109a 所示)。
指定下一个点或[闭合（C）/拟合公差（F）]<起点切向>：(拾取第三个点，如图 3-109b 所示)。
指定下一个点或[闭合（C）/拟合公差（F）]<起点切向>：(拾取第四个点，如图 3-109c 所示)。
指定下一个点或[闭合（C）/拟合公差（F）]<起点切向>：(按〈Enter〉键)。
指定起点切向：(按〈Enter〉键)。
指定端点切向：(按〈Enter〉键)。

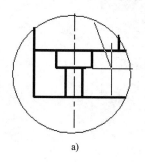 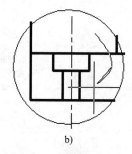 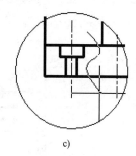

a)   b)   c)

图 3-109 样条曲线的绘制

a) 拾取第二个点   b) 拾取第三个点   c) 拾取第四个点

完成样条曲线的绘制，如图 3-110 所示。

7）单击"修改"工具栏上的"修剪"按钮／，修剪多余的样条曲线，效果如图 3-111 所示。

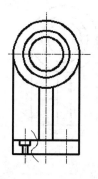   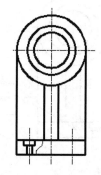

图 3-110 样条曲线   图 3-111 修剪样条曲线

8）单击"绘图"工具栏上的"图案填充"按钮，或单击菜单项"绘图"→"图案填充"命令，系统弹出"图案填充和渐变色"对话框，如图 3-112 所示（图案填充命令）。

在对话框中，设置如下：

"类型"设置为"预定义"。

"图案"设置为"ANSI31"。

"角度"设置为"0"。

"比例"设置为"1"。

9）单击"拾取点"按钮，在绘图区的封闭框中，单击内部任意一点，拾取两个部分，如图 3-113 所示，按〈Enter〉键，返回对话框。

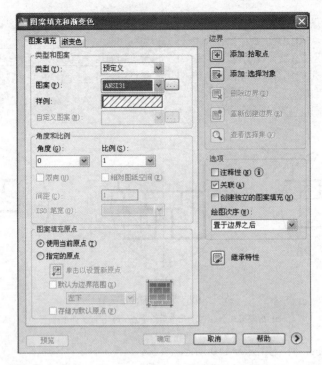

图 3-112 "图案填充和渐变色"对话框

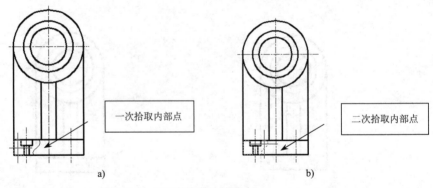

图 3-113 "图案填充"拾取点

a) 第一次拾取内部点 b) 第二次拾取内部点

10）单击"预览"进入绘图区，显示图案填充的效果。预览后，按〈Enter〉键，返回"图案填充和渐变色"对话框。

11）单击"确定"按钮，完成图案填充，如图 3-114 所示。

完成左视图的绘制。

3．绘制主视图

1）单击"图层"工具栏中图层下拉列表的下三角按钮，选中"轮廓线"层，将"轮廓线"层设置为当前图层。

绘图中状态栏上的"对象捕捉" 、"正交" 、"对象

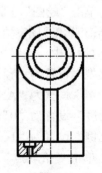

图 3-114 "图案填充"效果图

捕捉追踪"⊾"显示线宽"╋按钮处于打开状态；

注：利用"对象捕捉追踪"功能实现主视图和左视图的高平齐。

2）单击"绘图"工具栏上的"直线"按钮✐，绘制直线。

指定第一点：（输入起始点）（将鼠标移至最高点处，向左移动光标，适当的长度后单击鼠标左键，如图 3-115 所示）。

注：将鼠标移至端点处时，不要单击鼠标左键。

指定下一点或【闭合（C）/放弃（U）】：（向下移动光标，再将鼠标移至最低点处，向右移动光标，系统自动追踪高平齐，单击鼠标左键，如图 3-116 所示，按〈Enter〉键）。

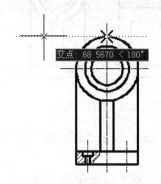

图 3-115　对象追踪第一个点

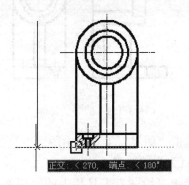

图 3-116　对象追踪第二个点

3）单击"绘图"工具栏上的"直线"按钮✐，绘制直线，完成如图 3-117 所示图形绘制。

4）单击"绘图"工具栏上的"直线"按钮✐，利用"对象捕捉追踪"功能绘制图形，如图 3-118 所示。

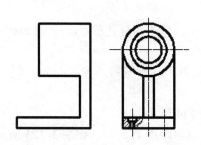

图 3-117　直线的绘制

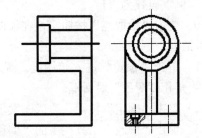

图 3-118　利用"对象捕捉追踪"绘制直线

5）选中主视图中的孔中心线，单击"图层"工具栏中图层下拉列表的下三角按钮，选中"中心线"层，将线段转换成"中心线"层，按〈Esc〉键结束选择，如图 3-119 所示。

6）单击"修改"工具栏上的"偏移"按钮⬚，偏移距离 26 和 21，如图 3-120 所示。

7）单击"修改"工具栏上的"延伸"按钮⊸，延伸线条，如图 3-121 所示，利用直线命令连接，并删除多余的线段，如图 3-122 所示。

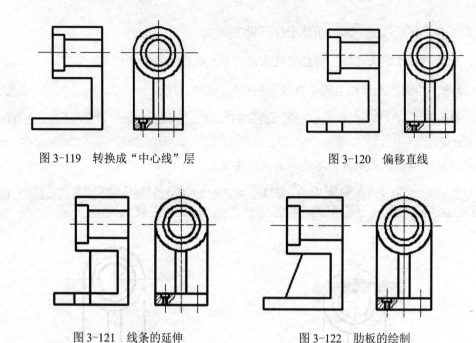

图 3-119 转换成"中心线"层　　　　　　图 3-120 偏移直线

图 3-121 线条的延伸　　　　　　图 3-122 肋板的绘制

8）单击"图层"工具栏中图层下拉列表的下三角按钮，选中"剖面线"层，将"剖面线"层设置为当前图层。

9）单击"绘图"工具栏上的"图案填充"按钮▨，或单击菜单项"绘图"→"图案填充"命令，系统弹出"图案填充和渐变色"对话框，如图 3-123 所示。在对话框中，设置如下：

"类型"设置为"预定义"。

"图案"设置为"ANSI31"。

"角度"设置为"0"。

"比例"设置为"1"。

10）单击"拾取点"按钮▣，在绘图区的封闭框中，单击内部任意点，按〈Enter〉键，返回对话框。

11）单击"预览"进入绘图区，显示图案填充的效果。预览后，按〈Enter〉键，返回"图案填充和渐变色"对话框。

12）单击"确定"按钮，完成图案填充，如图 3-124 所示。

13）单击"修改"工具栏上的"偏移"按钮▨，偏移距离 15、59，如图 3-125 所示。

14）选中主视图中的孔中心线，单击"图层"工具栏中图层下拉列表的下三角按钮，选中"中心线"层，将线段转换成"中心线"层，按〈Esc〉键结束选择，利用夹点编辑功能，将竖直中心线拉长，完成主视图的绘制，如图 3-126 所示。

4．尺寸标注

（1）主视图的标注

1）单击"图层"工具栏中图层下拉列表的下三角按钮，选中"尺寸标注线"层，将"尺寸标注线"层设置为当前图层，如图 3-127 所示。

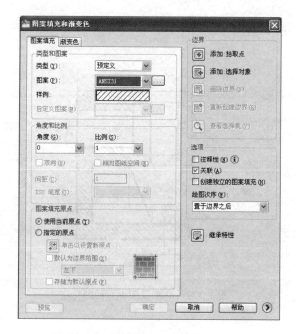

图 3-123 "图案填充和渐变色"对话框

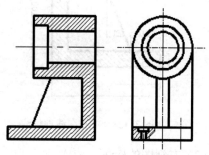

图 3-124 主视图中"图案填充"

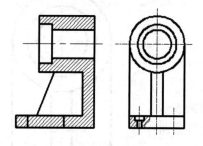

图 3-125 偏移直线

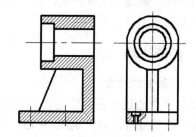

图 3-126 主视图效果

图 3-127 图层下拉列表

2）调出"标注"工具栏，单击"标注"工具栏中"线性尺寸标注"按钮标注，如图 3-128 所示。

3）单击"标注"工具栏中"线性尺寸标注"按钮，系统提示如下：

　　　　指定第一条延伸线原点或<选择对象>：（拾取第一条尺寸界线的起点）。
　　　　指定第二条延伸线原点：（拾取第二条尺寸界线的起点）。
　　　　指定尺寸线位置或[多行文字（M）/文字（T）/角度（A）/水平（H）/垂直（V）/旋转（R）]：（输入"T"，按〈Enter〉键）。
　　　　输入标注文字<47>：（输入"%%c47"，按〈Enter〉键）。
　　　　指定尺寸线位置或[多行文字（M）/文字（T）/角度（A）/水平（H）/垂直（V）/旋转（R）]：（指定尺寸放置位置，单击鼠标左键）。

完成 $\phi47$ 的标注，利用同样的方法标注 $\phi67$ 和 $\phi34$ ，完成主视图的标注，如图 3-129 所示。

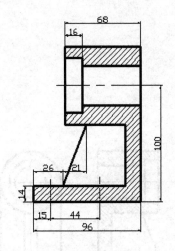

图 3-128　主视图线性标注

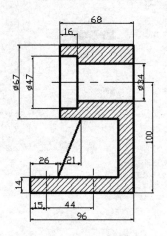

图 3-129　非圆视图中直径的标注

（2）左视图的标注

利用"标注"工具栏"线性尺寸标注"按钮 ⊟，完成左视图的标注，如图 3-130 所示。

完成轴承座（二）的绘制。

3.2.2　任务注释

1. 样条曲线命令

该命令是通过一系列给定的点的光滑曲线，常用来表示波浪线、折断线等。以绘制图 3-131 所示为例，说明样条曲线的运用。

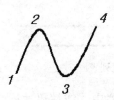

图 3-131　样条曲线命令示例

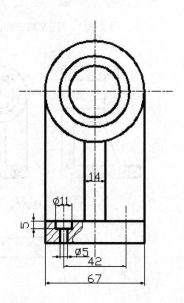

图 3-130　左视图的标注

（1）输入命令

输入命令可以采用下列方法之一：

工具栏：单击"绘图"工具栏"样条曲线"按钮 ～。

菜单栏：选取"绘图"菜单→"样条曲线"命令。

命令行：键盘输入"SPLINE"或"SPL"。

（2）操作格式

执行上面命令之一，系统提示如下：

指定第一个点或[对象（O）]：（拾取第 1 点）。
指定下一个点：（拾取第 2 点）。
指定下一个点或[闭合（C）/拟合公差（F）]<起点切向>：（拾取第 3 点）。
指定下一个点或[闭合（C）/拟合公差（F）]<起点切向>：（拾取第 4 点）。
指定下一个点或[闭合（C）/拟合公差（F）]<起点切向>：（按〈Enter〉键）。
指定起点切向：（按〈Enter〉键）。
指定端点切向：（按〈Enter〉键）。

完成图 3-131 所示样条曲线的绘制。

注：不管样条曲线有几个弯，都要按 3 次空格键或 3 次〈Enter〉键。

2．图案填充命令

该命令就是设置填充的图案、样式和比例等参数。在工程图中，用该命令来表达一个剖切的区域，也可使用不同的图案填充表达不同的零件或材料。

（1）创建图案填充

1）输入命令

输入命令可以采用下列方法之一：

工具栏：单击"绘图"工具栏"图案填充"按钮▨。

菜单栏：选取"绘图"菜单→"图案填充"命令。

命令行：键盘输入"BHATCH"或"BH"。

2）操作格式

执行上面命令之一，系统打开"图案填充和渐变色"对话框，如图 3-132 所示。

在对话框中有"图案填充"和"渐变色"两个选项卡。

"图案填充"选项卡用于进行与填充图案有关的设置，选项含义如下。

① 类型和图案

"类型"下拉列表框：用于确定填充图案的类型。其中"预定义"选项用于指定系统提供的填充图案；"用户定义"选项用于选择用户已定义的填充图案；"自定义"选项用于选择用户临时定义的填充图案。

"图案"下拉列表框：用于确定系统提供的填充图案，也可以单击右侧按钮▨，打开"填充图案选项板"对话框，如图 3-133 所示。其中有"ANSI"、"ISO"、"其他预定义"和"自定义"选项卡，用户进行选择后，单击"确定"按钮，返回"图案填充和渐变色"对话框。

"自定义图案"下拉列表框：当填充类型选择"自定义"时，此列表框可使用，或单击右侧按钮▨，打开的对话框与图 3-133 类似。

"角度"下拉列表框：用于指定填充图案相对于当前 UCS 坐标系统的 X 轴的角度。角度默认设置为"0"。以绘制图 3-134 所示的金属剖面为例。

"比例"下拉列表框：用于指定填充图案的比例。默认设置为"1"，可以根据需要进行缩小或放大，以绘制图 3-135 所示的金属剖面为例，说明"比例"的设置。

注：设置间距时，选中"双向"复选框，可以使用相互垂直的两组平行线填充图案，此选项只有在"类型"下拉列表框中选择"用户定义"时使用；"相对图纸空间"复选框用来

设置比例因子是否相对于图纸空间的比例。

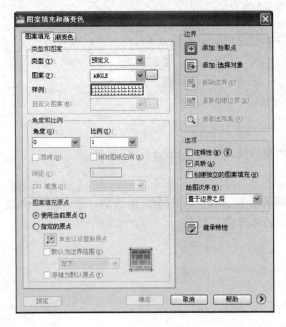

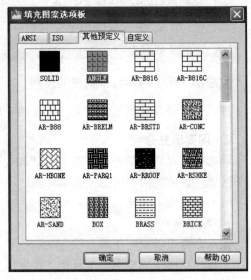

图 3-132 "图案填充和渐变色"对话框   图 3-133 "填充图案选项板" 对话框

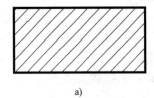

a)   b)

图 3-134 填充图案"角度"设置示例

a) 角度为 0 时   b) 角度为 90 时

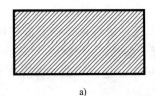

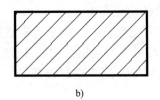

a)   b)

图 3-135 填充图案"比例"设置示例

a) 比例为 1 时   b) 比例为 4 时

② 图案填充原点

"使用当前原点"按钮：用于使当前 UCS 的原点（0，0）作为图案填充原点。

"指定的原点"按钮：用于通过指定点作为图案填充的原点。

③ 边界

"拾取点"按钮⊞：用于以拾取点的方式确定填充区域的边界。用鼠标指定要填充的封闭区域内部点，则被选中封闭区域以虚线显示。按〈Enter〉键返回对话框。如果所选区域边界不封闭，系统会提示信息。如图 3-136 所示。

"选择对象"按钮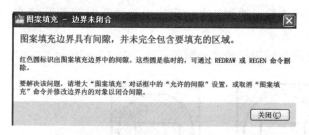：以选取对象的方式确定填充区域的边界。其方法与拾取点方法类似。此方法可以用于所选对象组成不封闭的区域边界，但在不封闭处会发生填充断裂或不均匀现象，如图 3-137 所示。

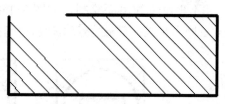

图 3-136 "边界未闭合"对话框   图 3-137 "选择对象"方式边界不封闭的填充效果

"删除边界"按钮：用于取消系统自动计算或用户指定的边界。

④ 选项

"关联"复选框：选中该复选框，图案填充对象与填充边界对象关联，也就是说对已填充好的图形修改时，填充图案会随边界的变化而自动填充，如图 3-138b 所示。否则，图案填充对象和填充边界对象不关联，即对已填充的图形修改时，填充图案不随边界修改而变化，如图 3-138c 所示。

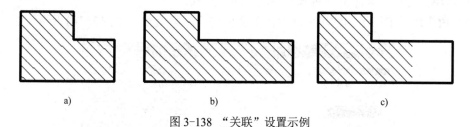

a)   b)   c)

图 3-138 "关联"设置示例

a) 拉伸前   b) 选中"关联"的拉伸结果   c) 未选中"关联"的拉伸结果

"创建独立的图案填充"复选框：用于创建独立的图案填充。

"绘图次序"下拉列表框：用于指定图案填充的绘图顺序，图案填充可以放在图案填充边界及其他对象之后或之前。

"继承特性"按钮：用于选择图上已填充的图案作为当前填充图案。

此外，"预览"按钮：用于预览图案的填充效果。预览后，按〈Enter〉键或〈Esc〉键，返回对话框，单击"确定"结束图案填充的设置。

⑤ 孤岛

在"图案填充和渐变色"对话框中单击右下角按钮，将展开"孤岛"选项组，如图 3-139 所示，利用该选项的设置，可以避免在填充图案时覆盖一些重要的文本注释或标记等属性。

"孤岛检测"复选框：用于指定在最外层边界内填充对象的方法。

图 3-139 "孤岛"选项框

"孤岛显示样式"有三种：分别为"普通"样式、"外部"样式和"忽略"样式。

"普通"样式：从最外边向里面填充线，遇到与之相交的边界，断开填充线，再遇到一下个内部边界时，再继续画填充线，如图 3-140a 所示。

"外部"样式：从最外边界向里面绘制填充线，遇到与之相交的内部边界时就断开填充线，并不再继续往里面绘制，如图 3-140b 所示。

"忽略"样式：忽略所有的孤岛，所有内部结构都被填充覆盖，如图 3-140c 所示。

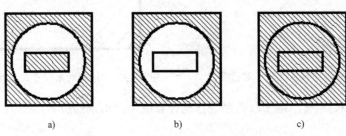

a)   b)   c)

图 3-140   "孤岛显示样式"设置示例

a) "普通"样式   b) "外部"样式   c) "忽略"样式

⑥ 边界保留

该选项组中"保留边界"复选框和"对象类型"列表框相关联，即启动"保留边界"复选框便可将填充边界对象保留为面域或多段线两种形式。

"渐变色"选项卡用于创建单色或双色渐变色进行图案填充，如图 3-141 所示。

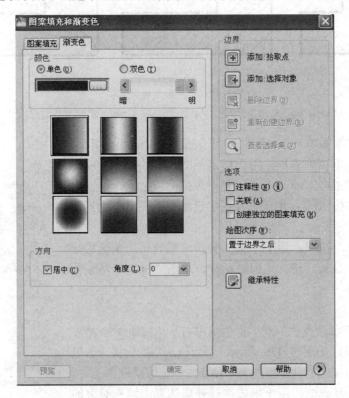

图 3-141   "渐变色"选项卡

148

（2）编辑图案填充

通过执行编辑填充图案，可以修改已经生成的填充图案，而且通过指定一个新的图案来替换以前生成的图案。

1）输入命令。

输入命令可以采用下列方法之一：

工具栏：单击"修改"工具栏"修改图案填充"按钮 。

菜单栏：选取"修改"菜单→"对象"命令→"修改图案填充"命令。

命令行：键盘输入"HATCHEDIT"或"H"。

直接双击要修改的填充图案。

2）操作格式。

执行上面命令之一，系统打开"图案填充编辑"对话框，如图 3-142 所示，该对话框中各选项功能含义与"图案填充和渐变色"对话框相同。

图 3-142 "图案填充编辑"对话框

3.2.3 知识拓展

运用图案填充命令完成图 3-143 所示端盖零件的绘制。

1. 图层的设置

1）用"图层特性管理器"设置新图层，图层设置要求，如表 3-5 所示。

表 3-5　图层的设置

名　　称	颜　　色	线　　型	线　　宽
轮廓线	白色	Continuous（连续线）	0.5mm
尺寸标注线	绿色	Continuous	默认
中心线	红色	CENTER	默认
剖面线	蓝色	Continuous（连续线）	默认

2）选择"中心线"层，单击"置为当前"按钮✔，将其设置为当前层，然后关闭"图层特性管理器"对话框。

2．绘制端盖

绘图中状态栏上的"对象捕捉"按钮□、"正交"按钮⊾、"显示线宽"按钮✚处于打开状态。

1）单击"绘图"工具栏上的"直线"按钮✐，绘制中心线。

2）单击"图层"工具栏中图层下拉列表的下三角按钮，选中"轮廓线"层，将"轮廓线"层设置为当前图层。

3）单击"绘图"工具栏上的"直线"按钮✐，绘制端盖的一半图形，如图 3-144 所示。

4）单击"修改"工具栏上的"镜像"按钮⏴⏵，镜像 1/2 端盖，如图 3-145 所示。

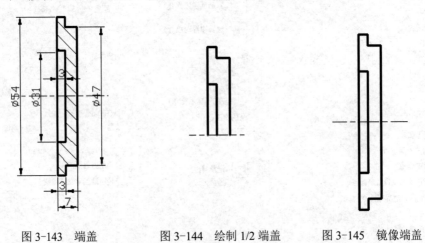

图 3-143　端盖　　　　　　图 3-144　绘制 1/2 端盖　　　　　图 3-145　镜像端盖

5）单击"图层"工具栏中图层下拉列表的下三角按钮，选中"剖面线"层，将"剖面线"层设置为当前图层。

6）单击"绘图"工具栏上的"图案填充"按钮▨，或单击菜单项"绘图"→"图案填充"命令，系统弹出"图案填充和渐变色"对话框，如图 3-146 所示。

在对话框中，设置如下：

"类型"设置为"预定义"；"图案"设置为"ANSI31"；"角度"设置为"0"；"比例"设置为"1"。

7）单击"拾取点"按钮▣，在绘图区的封闭框中，单击内部任意一点，按〈Enter〉键，返回对话框。

8）单击"预览"进入绘图区，显示图案填充的效果。预览完成后，按〈Enter〉键，返回"图案填充和渐变色"对话框。

9）单击"确定"按钮，完成图案填充，如图 3-147 所示。

图 3-146 "图案填充和渐变色"对话框　　　图 3-147 剖面线填充效果

完成端盖的绘制。

3．标注尺寸

1）单击"图层"工具栏中图层下拉列表的下三角按钮，选中"尺寸标注线"层，将"尺寸标注线"层设置为当前图层，如图 3-148 所示。

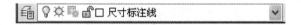

图 3-148 图层下拉列表

2）单击"标注"工具栏中"线性尺寸标注"按钮⊟进行标注，如图 3-149 所示。

3）单击"标注"工具栏中"线性尺寸标注"按钮⊟，系统提示如下：

　　指定第一条延伸线原点或<选择对象>：(拾取第一条尺寸界线的起点)。
　　指定第二条延伸线原点：(拾取第二条尺寸界线的起点)。
　　指定尺寸线位置或[多行文字（M）/文字（T）/角度（A）/水平（H）/垂直（V）/旋转（R）]：(输入"T"，按〈Enter〉键)。
　　输入标注文字<47>：(输入"%%c47"，按〈Enter〉键)。
　　指定尺寸线位置或[多行文字（M）/文字（T）/角度（A）/水平（H）/垂直（V）/旋转（R）]：(指定尺寸放置位置，单击鼠标左键)。

完成 ϕ47 的标注，利用同样的方法标注 ϕ54和ϕ31，完成主视图的标注，如图 3-150 所示。

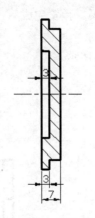
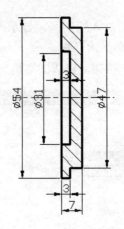

图 3-149 线性标注   图 3-150 直径标注

3.2.4 课后练习

绘制如图 3-151 所示零件，要求图层设置见表 3-6。

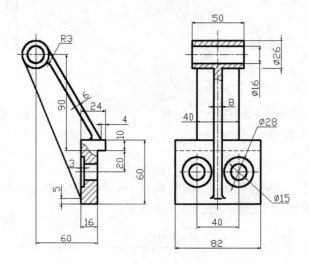

图 3-151 课后练习题

表 3-6 图层设置要求

名　称	颜　色	线　型	线　宽
轮廓线	白色	Continuous（连续线）	0.7mm
尺寸标注线	蓝色	Continuous	默认
中心线	红色	CENTER	默认
剖面线	洋红色	Continuous（连续线）	0.15mm
虚线	黄色	ACAD_ISO02W100	默认

项目4 绘制零件图

任务 4.1 绘制 A4 图框与标题栏——学习矩形、添加文字、文字 样式设置、表格命令

本任务将以绘制如图 4-1 所示的图框和标题栏为例，说明矩形、文字输入、文字样式设置、表格的使用方法。

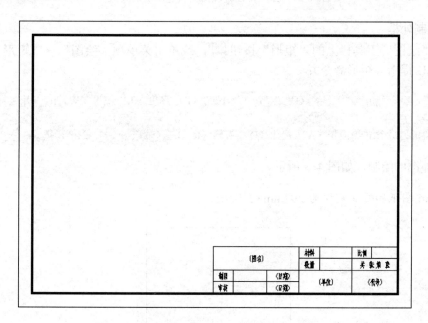

图 4-1 A4 图框和标题栏

4.1.1 任务学习

1. 图层的设置

用"图层特性管理器"设置新图层，图层设置要求，见表 4-1。

表 4-1 图层的设置

名称	颜色	线型	线宽
外框线	白色	Continuous（连续线）	0.15mm
内框线	黄色	Continuous	0.35mm
文字	洋红色	Continuous	0.15mm

设置完成如图 4-2 所示。选择"外框线"层，单击 "置为当前"按钮，将其设置为

当前层，然后关闭"图层特性管理器"对话框。

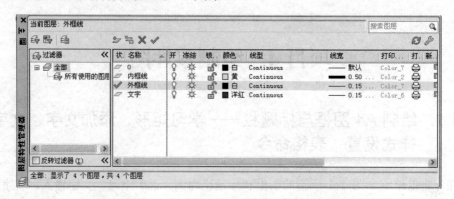

图 4-2 "图层特性管理器"新建图层的设置

2．绘制外框

单击"绘图"工具栏上的"矩形"按钮▭，或单击菜单项"绘图"→"矩形"命令，按 AutoCAD 提示（矩形命令）：

> 指定第一个角点或[倒角（C）/标高（E）/圆角（F）/厚度（T）/宽度（W）]：（用鼠标在绘图区任意位置拾取一点）。
> 指定另一个角点[面积（A）/尺寸（D）/旋转（R）]：（输入"@297，210"，按〈Enter〉键）。

完成外框的绘制，如图 4-3 所示。

注：A4 图纸的幅面尺寸为 297mm×210mm。

图 4-3 外框的绘制

3．绘制内框

1）单击"修改"工具栏上的"偏移"按钮▣，偏移距离 10，如图 4-4 所示。

2）选中偏移后的矩形，单击"图层"工具栏中图层下拉列表的下三角按钮，选中"内框线"层，将偏移后矩形转换成"内框线"层，按〈Esc〉结束选择，完成内框的绘制，如图 4-5 所示。

注：本例绘制的图框为不留装订边的图纸，因而偏移距离为 10。

4．绘制标题栏

1）单击菜单项"格式"→"表格样式"命令，系统会弹出"表格样式"对话框，如图 4-6 所示（表格样式）。

图 4-4 内框的绘制

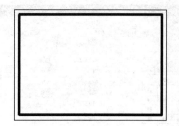

图 4-5 图层转换

2）单击"新建"按钮，系统会弹出"创建新的表格样式"对话框，在"新样式名"文本框中输入"表格"，如图 4-7 所示。

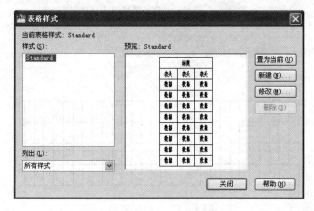

图 4-6 "表格样式"对话框

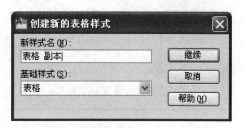

图 4-7 "创建新的表格样式"对话框

3）单击"继续"按钮，系统弹出"新建表格样式：表格"对话框，如图 4-8 所示。在"单元样式"选项区域的下拉列表框中选择"数据"选项，在常规选项卡 "页边距"选项区域中"水平"文本框中输入"1"，"垂直"文本框中输入"1"，将"对齐"方式设置为"正中"模式。转换到文字选项卡，单击"文字样式"按钮，系统弹出"文字样式"对话框，选中"使用大字体"复选框，在"SHX 字体"的下拉列表框中选择"gbeitc.shx"，在"大字体"的下拉列表框中选择"gbcbig.shx"，"高度"文本框中输入"5"，如图 4-9 所示，单击"应用"按钮，再单击"关闭"按钮。返回到新建表格样式对话框，单击"确定"按钮，返回"表格样式"对话框。在"样式"列表框中选中创建的新样式"表格"，单击"置为当前"按钮。

4）设置完毕，单击"关闭"按钮，关闭"表格样式"对话框。

5）单击"绘图"工具栏上的"表格"按钮，或单击菜单项"绘图"→"表格"命令，系统会弹出"插入表格"对话框，在"插入方式"选项区域中选中"指定插入点"单选按钮，在"列和行设置"选项区域中分别设置"列数"文本框中输入"28"，"列宽"文本框中输入"20"，设置"数据行数"文本框中输入"2"，"行高"文本框中输入"10"，在"设置单元样式"选项区域中设置所有的单元样式都为"数据"如图 4-10 所示（插入表格）。

6）单击"确定"按钮，鼠标会拖动生成的表格，放置在绘图区任意位置，单击鼠标左键，按〈Esc〉键，不输入文字，生成表格如图 4-11 所示。

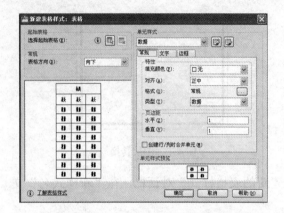

图 4-8 "新建表格样式：表格"对话框

图 4-9 "文字样式"对话框

图 4-10 "插入表格"对话框

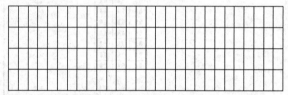

图 4-11 生成的表格

7）单击表格一个单元格，系统会显示夹点，单击鼠标右键，在弹出的快捷菜单中选择"特性"命令，如图 4-12 所示，打开"特性"选项板，将"单元高度"文本框中设置为"8"，如图 4-13 所示，该行的高度将统一设置为 8。采用同样的方法，将其他行的高度设置为 8，如图 4-14 所示。同样将所有行的宽度设置为 5，效果如图 4-15 所示。

图 4-12 快捷菜单

图 4-13 "特性"选项板

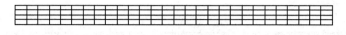

图 4-14 修改表格的高度

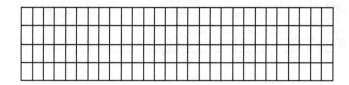

图 4-15 修改表格的宽度

8）选择 A1 单元格，按住〈Shift〉键，同时选择右边的 12 个单元格，以及下行 13 个单元格，单击鼠标右键，在弹出的快捷菜单中选择"合并"→"全部"命令，如图 4-16 所示，合并效果如图 4-17 所示。

图 4-16 快捷菜单

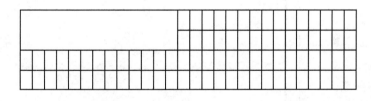

图 4-17 合并单元格

9）利用同样的方法合并其他单元格，如图 4-18 所示。

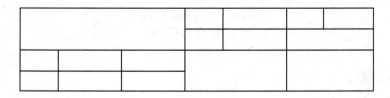

图 4-18 完成表格的绘制

10）双击单元格，打开"文字编辑器"，输入文字"制图"，如图 4-19 所示（添加文字）。

11）利用同样的方法，添加其他文字，如图 4-20 所示。

12）单击"修改"工具栏上的"移动"按钮 ✛，将标题栏移动到图框的右下角处，如

图 4-21 所示。

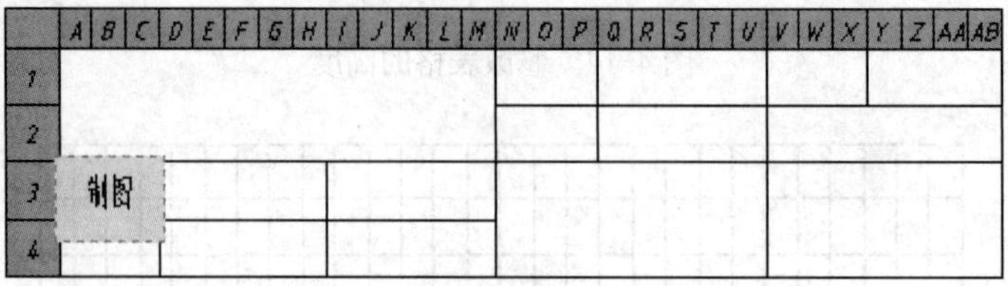

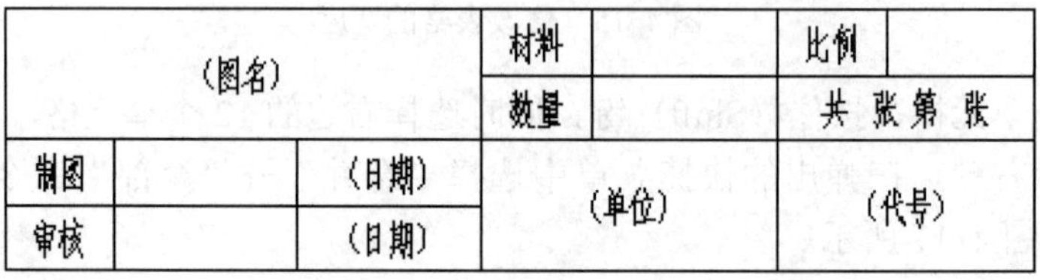

A B C D E F G H I J K L M N O P Q R S T U V W X Y Z AA AB
1
2
3
4
制图

图 4-19　添加文字

（图名）
材料
比例
数量
共 张 第 张
制图
（日期）
审核
（日期）
（单位）
（代号）

图 4-20　标题栏的绘制

（图名）
材料
比例
数量
共 张 第 张
制图
（日期）
审核
（日期）
（单位）
（代号）

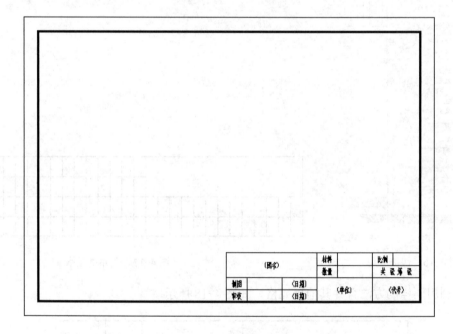

图 4-21　移动标题栏

4.1.2　任务注释

1．矩形命令

该命令用于绘制矩形。以图 4-22 为例，其操作步骤如下。

（1）输入命令

可以采用下列方法之一：

工具栏：单击“绘图”工具栏“矩形”按钮。

菜单栏：选取"绘图"菜单→"矩形"命令。

命令行：键盘输入"RECTANG"或"REC"。

（2）操作格式

执行上面命令之一，系统提示如下：

> 指定第一个角点或[倒角（C）/标高（E）/圆角（F）/厚度（T）/宽度（W）]：（用鼠标在绘图区任意位置拾取一点A）。
>
> 指定另一个角点[面积（A）/尺寸（D）/旋转（R）]：（输入"@90，-40"，按〈Enter〉键）。

完成矩形的绘制，如图4-22所示。

（3）说明

该命令可以绘制倒角矩形和倒圆角矩形。

1）绘制倒角矩形。

以绘制图4-23倒角矩形为例说明。

① 输入命令：与一般矩形输入命令方式相同。

② 操作格式。执行上面命令之一，系统提示如下：

> 指定第一个角点或[倒角（C）/标高（E）/圆角（F）/厚度（T）/宽度（W）]：（输入"C"，按〈Enter〉键）。
>
> 指定矩形的第一个倒角距离<0.0000>：（输入"5"，按〈Enter〉键）。
>
> 指定矩形的第二个倒角距离<0.0000>：（输入"4"，按〈Enter〉键）。
>
> 指定第一个角点或[倒角（C）/标高（E）/圆角（F）/厚度（T）/宽度（W）]：（用鼠标在绘图区任意位置拾取一点）。
>
> 指定另一个角点[面积（A）/尺寸（D）/旋转（R）]：（输入"@90，-40"，按〈Enter〉键）。

完成矩形的绘制，如图4-23所示。

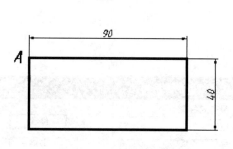

图4-22　绘制矩形示例

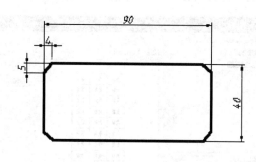

图4-23　绘制倒角矩形示例

2）绘制倒圆角矩形。

以绘制图4-24圆角矩形为例说明。

① 输入命令：与一般矩形输入命令方式相同。

② 操作格式。执行上面命令之一，系统提示如下：

> 指定第一个角点或[倒角（C）/标高（E）/圆角（F）/厚度（T）/宽度（W）]：（输入"F"，按〈Enter〉键）。
>
> 指定矩形的圆角半径<0.0000>：（输入"5"，按〈Enter〉键）。

指定第一个角点或[倒角（C）/标高（E）/圆角（F）/厚度（T）/宽度（W）]：（用鼠标在绘图区任意位置拾取一点）。

指定另一个角点[面积（A）/尺寸（D）/旋转（R）]：（输入"@90，-40"，按〈Enter〉键）。

完成矩形的绘制，如图 4-24 所示。

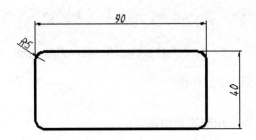

图 4-24　绘制圆角矩形示例

2．表格样式

（1）输入命令

输入命令可以采用下列方法之一：

工具栏：单击"标注"工具栏"表格样式"按钮。

菜单栏：选取"格式"菜单→"表格样式"命令。

命令行：键盘输入"TABLESTYLE"或"TS"。

（2）操作格式

执行上面命令之一，系统会弹出"表格样式"对话框，如图 4-25 所示。

单击"新建"按钮，系统会弹出"创建新的表格样式"对话框，在"新样式名"文本框中输入样式名称，如"表格"，如图 4-26 所示。

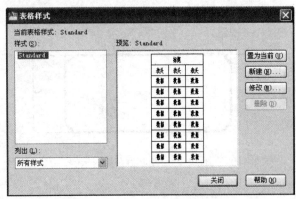

图 4-25　表格样式

图 4-26　创建新的表格样式

单击"继续"按钮，系统弹出"新建表格样式：表格"对话框，如图 4-27 所示，该对话框有"起始表格"、"常规"、"单元样式"和"单元样式预览"四个选项组组成。

1）"起始表格"选项组。

该选项组允许用户在图形中指定一个表格作为表格样式的起始表格。单击"选择表格"

按钮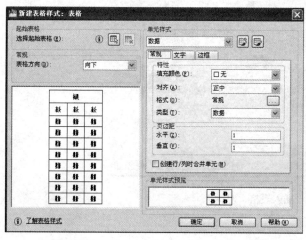，进入绘图区，可以在绘图区选择表格录入。"删除表格"按钮与"选择表格"按钮作用相反。

2）"常规"选项组。

该选项组用于更改表格的方向，通过"表格方向"下拉列表框选择"向上"或"向下"来设置表格的方向。"向上"创建由下而上读取的表格，标题行和列标题行都在表格的底部；"预览框"显示当前表格样式设置效果的样例。

3）"单元样式"选项组。

①"单元样式"下拉列表框

该下拉列表框中有"数据"、"表头"、"标题"三个选项。

②"常规"选项卡

该选项卡用于控制数据栏与标题栏的上下位置关系。

③"文字"选项卡

该选项卡用于设置文字的属性。单击此选项卡，在"文字样式"下拉列表框中可以选择已定义的文字样式，也可以单击右侧的按钮，重新定义文字样式，如图 4-28 所示。

④"边框"选项卡

该选项卡用于设置表格的边框格式、表格线宽和表格颜色等。

4）"单元样式预览"选项组。

在预览框中显示创建的表格单元样式。单击"确定"按钮，关闭对话框，返回绘图区。

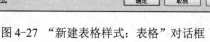

图 4-27 "新建表格样式：表格"对话框　　　　图 4-28 "文字样式"对话框

3. 插入表格

（1）输入命令

输入命令可以采用下列方法之一：

工具栏：单击"标注"工具栏"表格"按钮。

菜单栏：选取"绘图"菜单→"表格"命令。

命令行：键盘输入"TABLE"或"TB"。

（2）操作格式

执行上面命令之一，系统会弹出"插入表格"对话框，如图 4-29 所示。

"插入表格"对话框中各选项功能：

1）"表格样式"下拉列表框：用于选择系统提供或用户已创建的表格样式。

2）"插入选项"选项组：在该选项组中包含 3 个单选按钮，"从空表格开始"单选按钮可以创建一个空的表格，"自数据链接"单选按钮可以从外部导入数据来创建表格，"自图形中的对象数据（数据提取）"单选按钮可以用于从可输入到表格或外部的图形中提取数据来创建表格。

3）"插入方式"选项组：在该选项组中包含两个单选按钮，其中"指导插入点"单选按钮可以在绘图窗口中的某点插入固定大小的表格；"指定窗口"单选按钮可以在绘图窗口中通过指定表格两对角点的方式来创建任意大小的表格。

4）"列和行设置"选项组：可以通过改变"列数"、"列宽"、"数据行数"和"行高"文本框中的数值来调整表格的外观大小。

5）"设置单元样式"选项组：在该选项组中可以设置"第一行单元样式"、"第二行单元样式"和"所有其他行单元样式"选项。

单击"确定"按钮，并在绘图区指定插入点，将会在当前位置插入一个表格。

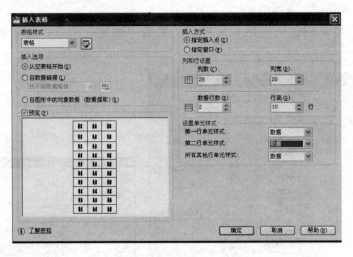

图 4-29 "插入表格"对话框

4．添加文字

当创建完表格后，系统会自动亮显第一个单元格，并打开"文字格式"工具栏，此时可以输入文字。若不添加文字则按〈Esc〉键。若需添加文字，则可双击单元格，重新添加文字。在本任务注释中，将介绍通常情况下添加文字的方法。

（1）文字样式

文字样式是对同一类文字的格式设置的集合，包括：字体、高度等。在标注文字前，应首先设置文字样式，指定字体的样式、字高等，然后用定义好的文字样式来书写文字。

1）输入命令可以采用下列方法之一：

工具栏：单击"文字"工具栏"文字样式"按钮 A。

菜单栏：选取"格式"菜单→"文字样式"命令。

命令行：键盘输入"STYLE"或"ST"。

2）操作格式：执行上面的命令之一，系统会弹出"文字样式"对话框，如图 4-30所示。

3）说明。

● 设置样式名

在对话框中，可以显示文件样式的名称、创建新的文字样式、删除文件样式和已有文字样式的重命名。各选项含义如下：

"样式"列表：列出当前可以使用的文字样式，默认文字样式为"Standard"。

"置为当前"按钮：单击该按钮，可以将选择的文字样式置为当前的文字样式。"新建"按钮：单击该按钮，系统会弹出"新建文字样式"对话框，如图 4-31 所示。

在"样式名"文本框中输入新建样式的名称，单击"确定"按钮，新建文字样式将显示在"样式"列表框中。

"删除"按钮：单击该按钮，可以删除选中的文字样式，"Standard"样式和已经被使用的文字样式无法删除。

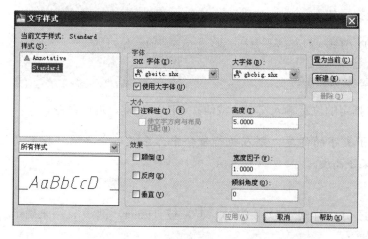

图 4-30 "文字样式"对话框

图 4-31 "新建文字样式"对话框

● 设置字体和大小

"字体"列表框：可以指定任意一种文字类型作为当前的文字类型。当该字体的后缀为".shx"字体时，才能使用"大字体"。

"大小"选项组：可以进行注释性和文字高度设置。

● 设置效果

"颠倒"复选框：用于确定字体是否上下颠倒；

"反向"复选框：用于确定字体是否反向排列；

"垂直"复选框：用于确定字体是否垂直排列；

"宽度因子"文本框：用于确定字体宽度和高度的比值；

"倾斜角度"文本框：用于设置字体的倾斜角度；角度为正值时，字体向右倾斜；负值则向左倾斜；

● 预览与应用

"预览"选项区：可以预览所选择或设置的文字样式效果。

"应用"按钮：单击该按钮，即可应用所选择的文字样式。

文字样式设置完毕后，单击"关闭"按钮，退出"文字样式"对话框。

（2）添加与编辑文字

1）添加单行文字。对于单行文字而言，每一行文字就是一个文字对象，可以单独针对一行文字进行编辑。

● 输入命令

以输入文字"机械制图设计与审核"，如图4-32为例说明。

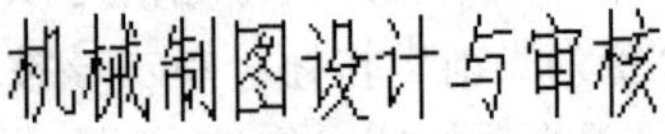

机械制图设计与审核

图4-32　单行文字效果

输入命令可以采用下列方法之一：

菜单栏：选取"绘图"菜单→"文字"→"单行文字"命令。

命令行：键盘输入"DTEXT"或"DT"。

● 操作格式

执行上面的命令之一，系统提示如下：

> 指定文字的起点或[对正（J）/样式（S）]: (单击鼠标左键，指定文字的起点位置)。
> 指定高度<0>:(输入"5"，按〈Enter〉键)。
> 指定文字的旋转角度<0>:(按〈Enter〉键)。

执行上述命令后，在绘图区指定的位置输入文字，按两次〈Enter〉键，退出命令。

注：若"文字样式"设置了文字的高度，则在执行命令中，系统不会要求"指定高度"，而默认"文字样式"中的文字高度。

● 说明

若"指定文字的起点或[对正（J）/样式（S）]: (输入'J'，按〈Enter〉键)"，用来确定文本的对齐方式，则命令行会提示：

> 输入选项[对齐（A）/调整（F）/中心（C）/中间（M）/右（R）/左上（LC）/右上（TR）/左中（ML）/正中（MC）/右中（MR）/左下（BL）/中下（BC）/右下（BR）]:

在此提示下，选择一个选项作为文本的对齐方式。当文本文字水平排列时，系统为标注的文字定义了顶线、中线、基线和底线，如图4-33所示，各种对齐方式如图4-34所示。

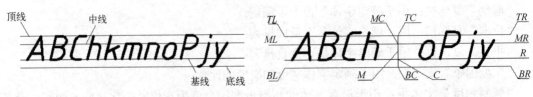

图4-33　文字的顶线、中线、基线和底线　　　　　　图4-34　文字对齐方式

以绘制"基于 AutoCAD 的二维制图"为例，简要说明"对齐"方式。

指定文字的起点或[对正（J）/样式（S）]: (输入"J"，按〈Enter〉键)。
输入选项[对齐（A）/调整（F）/中心（C）/中间（M）/右（R）/左上（LC）/右上（TR）/左中（ML）/正中（MC）/右中（MR）/左下（BL）/中下（BC）/右下（BR）]: (输入"A"，按〈Enter〉键)。
指定文字基线的第一个端点: (单击鼠标左键，指定文字基线的起点位置)。
指定文字基线的第二个端点: (单击鼠标左键，指定文字基线的终点位置)。
输入文字: (输入"基于AutoCAD的二维制图"，按两次〈Enter〉键)。

执行后，输入的文字将均匀分布于指定的两点之间。

2）添加多行文字。

● 输入命令

以输入文字图 4-35 为例说明。

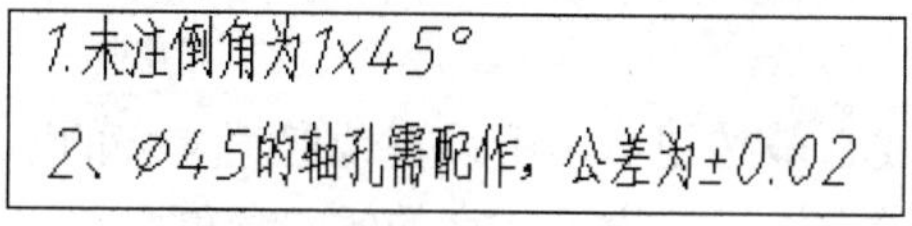

1.未注倒角为1x45°

2、Φ45的轴孔需配作，公差为±0.02

图 4-35　多行文字添加示例

输入命令可以采用下列方法之一：

工具栏：单击工具栏"多行文字"按钮 A。

菜单栏：选取"绘图"菜单→"文字"→"多行文字"命令。

命令行：键盘输入"MTEXT"或"MT"。

● 操作格式

执行上面的命令之一，系统提示如下：

指定第一个角点: (单击鼠标左键，拾取绘图区任意一点)。
指定对角点或[高度（H）/对正（J）/行距（L）/旋转（R）/样式（S）/宽度（W）/栏（C）]: (单击鼠标左键，拾取绘图区另一点)。
系统会弹出文本框，输入文字: （输入" 1、未注倒角1x45%%d "，按〈Enter〉键，" 2、%%c45 轴孔需配作，公差为%%P0.15"，按〈Enter〉键）。

注：若添加文字 $^{+0.03}_{-0.02}$，则需输入"+0.03^-0.02"系统会弹出"自动堆叠特性"提示框，如图 4-36 所示，单击"确定"按钮。

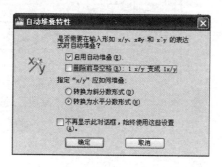

图 4-36　"自动堆叠特性"提示框

● 说明

除了文字编辑区，文字编辑器还包括"文字格式"工具栏、"段落"对话框、"栏"菜单和"显示选项"菜单，如图 4-37 所示。可以选择文字，对其进行相应的修改。

图 4-37　文件格式工具栏

工具栏中部分选项功能如下：

"文字高度" ⁵ 下拉列表框：用于确定文本的高度，可在文本编辑器中设置输入新的文字高度。

"加粗" B 和"斜体" I 按钮：用于设置加粗和斜体效果，但两个按钮只对 Truetype 字体有效。

"下画线" U 和"上画线" O 按钮：用于设置或取消文字的下画线或上画线。

"倾斜角度" O/ 下拉列表框：用于设置文字的倾斜角度。

"追踪" a·b 按钮：用于增大或减小选定文字之间的空间，常规设置间距为 1.0000，设置大于 1.0000，表示增大间距；设置小于 1.0000，表示减小间距。

"宽度因子" o 下拉列表框：用于扩展或收缩选定的文字；

"符号" @· 按钮：用于输入各种符号。单击此按钮，系统打开符号列表，如图 4-38 所示。

"插入字段" 按钮：用于插入一些常用或预设字段；单击此按钮，系统会打开"字段"对话框，如图 4-39 所示，用户可选择字段，插入到文本中。

图 4-38　符号列表

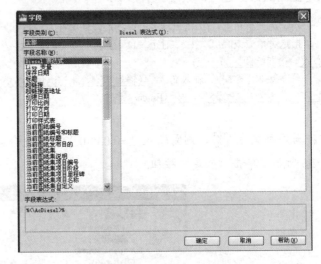

图 4-39　"字段"对话框

3）编辑文字

● 输入命令

输入命令可以采用下列方法之一：

166

工具栏：单击工具栏"编辑"按钮 ![]。

菜单栏：选取"修改"菜单→"对象"→"文字"→"编辑"命令。

命令行：键盘输入"DDEDIT"。

● 操作格式

执行上面的命令之一，系统提示如下：

选择注释对象或[放弃（U）]：（单击鼠标左键，选择要编辑的文字）。

● 说明

选择要修改的文本时，如果选择的是单行文字，则先选该文本，对其进行修改；如果选择的是多行文字，则选择对象后，系统会自动打开文字编辑器，进行修改。

4.1.3 课后练习

利用插入表格和添加文字命令完成4-40表格的绘制。

图4-40 课后练习

任务4.2 绘制轴承端盖——学习尺寸标注样式的设置

本任务将以绘制如图4-41所示的轴承端盖开始，说明尺寸标注样式的设置与使用方法。

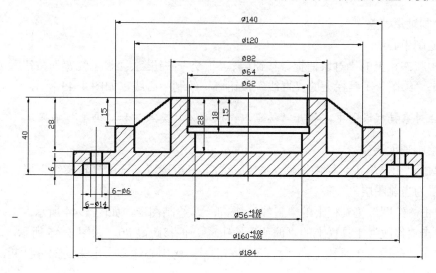

图4-41 轴承端盖

4.2.1 任务学习

1. 图层的设置

用"图层特性管理器"设置新图层，图层设置要求，见表 4-2。

表 4-2 图层的设置

名 称	颜 色	线 型	线 宽
轮廓线	白色	Continuous（连续线）	0.3mm
尺寸标注线	绿色	Continuous	0.15mm
虚线	洋红色	ACAD_ISO02W100	0.15mm
中心线	红色	CENTER	0.15mm
剖面线	蓝色	Continuous（连续线）	0.15mm

设置完成如图 4-42 所示。选择"中心线"层，单击"置为当前"按钮 ✔️，将其设置为当前层，然后关闭"图层特性管理器"对话框。

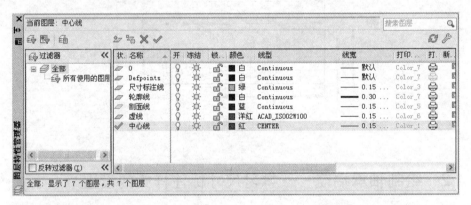

图 4-42 "图层特性管理器"新建图层的设置

2. 绘制轴承端盖

（1）绘制中心线

绘图中状态栏上的"对象捕捉"按钮 ▢、"正交"按钮 ▙、"显示线宽"按钮 ✛ 处于打开状态；单击"绘图"工具栏上的"直线"按钮 ╱，绘制中心线，如图 4-43 所示。

注：在对象捕捉设置中，打开"端点"、"圆心"、"交点"和"垂足"捕捉。

（2）绘制轴承端盖

1）单击"图层"工具栏中图层下拉列表的下三角按钮，选中"轮廓线"层，将"轮廓线"层设置为当前图层。

2）单击"绘图"工具栏上的"直线"按钮 ╱，绘制图形，如图 4-44 所示。

3）单击"修改"工具栏上的"偏移"按钮 ⬕，偏移距离 80，如图 4-45 所示。

4）单击"修改"工具栏上的"打断"按钮 ▭，将中心线多余出来的部分打断，效果如图 4-46 所示。

168

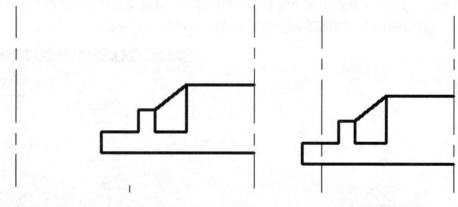

图 4-43　绘制中心线　　　　图 4-44　绘制端盖外部轮廓　　　　　图 4-45　偏移中心线

5）单击"修改"工具栏上的"偏移"按钮⤵，偏移距离 3、7 和 6，如图 4-47 所示。

6）单击"修改"工具栏上的"修剪"按钮⤴，修剪多余的线条，效果如图 4-48 所示。

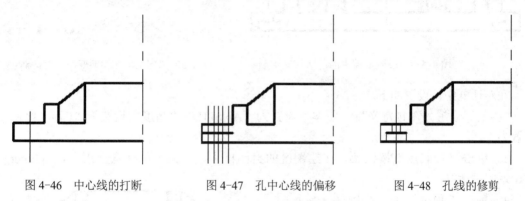

图 4-46　中心线的打断　　　　图 4-47　孔中心线的偏移　　　　图 4-48　孔线的修剪

7）选中偏移后的线条，单击"图层"工具栏中图层下拉列表的下三角按钮，选中"轮廓线"层，将偏移后线段转换成"轮廓线"层，按〈Esc〉键结束选择，如图 4-49 所示。

利用同样的方法"偏移"→"修改"→"变换图层"，绘制轴承端盖中心孔，如图 4-50 所示。

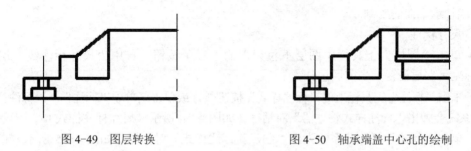

图 4-49　图层转换　　　　　　图 4-50　轴承端盖中心孔的绘制

8）单击"修改"工具栏上的"镜像"按钮⥮，镜像 1/2 轴承端盖，如图 4-51 所示。

3．添加剖面线

1）单击"图层"工具栏中图层下拉列表的下三角按钮，选中"剖面线"层，将"剖面线"层设置为当前图层。

2）单击"绘图"工具栏上的"图案填充"按钮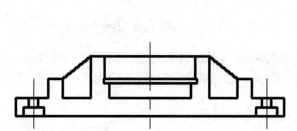，或单击菜单项"绘图"→"图案填充"命令，系统弹出"图案填充和渐变色"对话框，如图 4-52 所示。

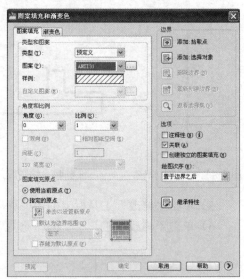

图 4-51　1/2 轴承端盖的镜像　　　　　　图 4-52　"图案填充和渐变色"对话框

在对话框中，设置如下：

"类型"设置为"预定义"；"图案"设置为"ANSI31"；"角度"设置为"0"；"比例"设置为"1"。

3）单击"拾取点"按钮，在绘图区的封闭框中，单击内部任意一点，按〈Enter〉键，返回对话框。

4）单击"预览"进入绘图区，显示图案填充的效果。预览后，按〈Enter〉键，返回"图案填充和渐变色"对话框。

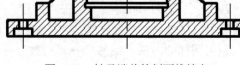

图 4-53　轴承端盖的剖面线填充

5）单击"确定"按钮，完成图案填充，如图 4-53 所示。

完成轴承端盖的绘制。

4．尺寸标注

1）单击"图层"工具栏中图层下拉列表的下三角按钮，选中"尺寸标注线"层，将"尺寸标注线"层设置为当前图层。

2）单击"标注"工具栏上的"标注样式"按钮，或单击菜单项"标注"→"标注样式"命令，系统会弹出"标注样式管理器"对话框，如图 4-54 所示（尺寸标注样式）。

3）单击"新建"按钮，系统弹出"创建新标注样式"对话框，如图 4-55 所示，在"新样式名"文本框中输入"直径标注"，单击"继续"按钮，系统弹出"新建标注样式：直径标注"对话框，如图 4-56 所示。

4）在选项卡中进行参数设置，设置文字高度为"2.5"，文字对齐为"ISO 标准"，文字位置垂直方向"上"，如图 4-56 所示；设置主单位精度为"0.0"，小数分隔符为"."（句点），设置前缀为"%%c"，如图4-57所示，单击"确定"按钮，完成"直径标注"的设置。

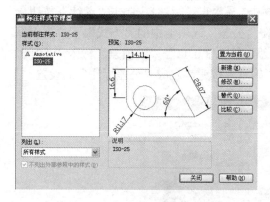

图4-54 "标注样式管理器"对话框

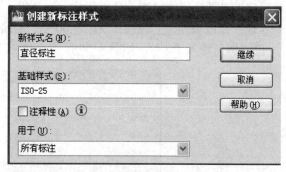

图4-55 "创建新标注样式"对话框

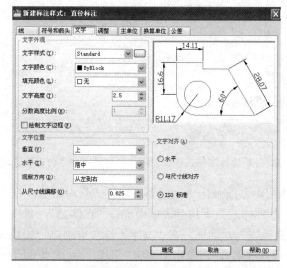

图4-56 "新建标注样式：直径标注"对话框

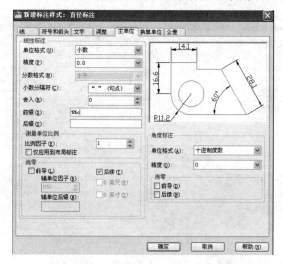

图4-57 "新建标注样式：直径标注"对话框中"主单位"选项卡

5）单击"新建"按钮，系统弹出"创建新标注样式"对话框，在"新样式名"文本框中输入"公差标注"，在"基础样式"下拉列表框中选择"直径标注"，单击"继续"按钮，系统弹出"新建标注样式：公差标注"对话框，在"公差"选项卡中的"方式"下拉列表框中选择"极限偏差"，"精度"为"0.00"，"上偏差"输入"0.02"，"下偏差"输入"0.01"，"高度比例"输入"0.7"，如图4-58所示，单击"确定"按钮，完成"公差标注"的设置。

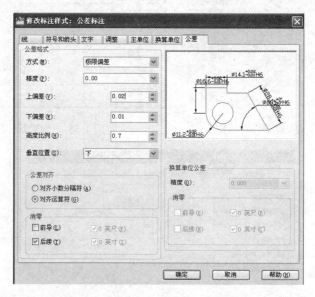

图4-58 "新建标注样式：公差标注"对话框中"公差"选项卡

6）单击"新建"按钮，系统弹出"创建新标注样式"对话框，在"新样式名"文本框中输入"非圆标注"，在"基础样式"下拉列表框中选择"ISO-25"，单击"继续"按钮，系统弹出"新建标注样式：非圆标注"对话框，在"文字"选项卡中进行参数设置，设置文字高度为"2.5"，文字对齐为"与尺寸线对齐"，单击"确定"按钮，完成"非圆标注"的设置。

系统返回到"标注样式管理器"对话框，如图4-59所示。单击"关闭"按钮。

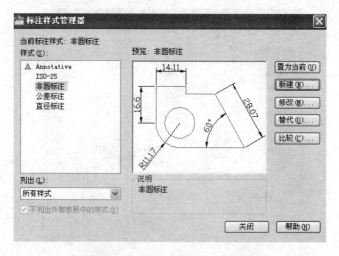

图4-59 "标注样式管理器"对话框

7）单击"标注"工具栏中标注样式下拉列表的下三角按钮，选中"非圆标注"，将"非圆标注"层设置为当前标注样式，如图 4-60 所示。

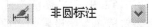

图 4-60　图层下拉列表

8）单击"标注"工具栏中"线性尺寸标注"按钮，添加尺寸 15。

9）单击"标注"工具栏中"基线"按钮，添加尺寸 28 和 40。

10）利用同样的方法，添加尺寸 15、18 和 28。

11）单击"标注"工具栏中"线性尺寸标注"按钮，单击需标注 6–ϕ6 区域的两个边界点，添加尺寸在系统提示：

> 指定尺寸的位置或[多行文字（M）/文字（T）/角度（A）]：（输入"T"，按〈Enter〉键）。
> 输入文字<38>:（输入"6-%%c6"，按〈Enter〉键）。
> 指定尺寸线位置或[多行文字（M）/文字（T）/角度（A）/水平（H）/垂直（V）/旋转（R）]：（指定尺寸放置位置，单击鼠标左键）。

12）利用同样的方法添加尺寸 6–ϕ14，如图 4-61 所示。

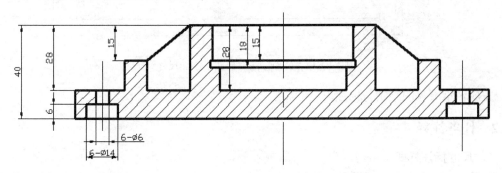

图 4-61　"非圆标注"样式下添加尺寸

13）单击"标注"工具栏中标注样式下拉列表的下三角按钮，选中"直径标注"，将"直径标注"层设置为当前标注样式。

14）单击"标注"工具栏中"线性尺寸标注"按钮，添加尺寸，如图 4-62 所示。

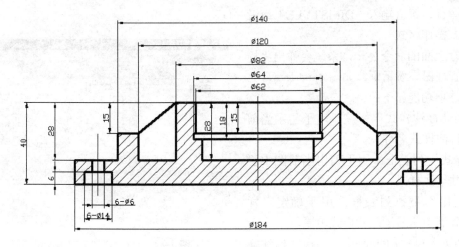

图 4-62　"直径标注"样式下添加尺寸

15）单击"标注"工具栏中标注样式下拉列表的下三角按钮，选中"公差标注"，将"公差标注"层设置为当前标注样式。

16）单击"标注"工具栏中"线性尺寸标注"按钮⊟，添加尺寸，如图4-63所示。

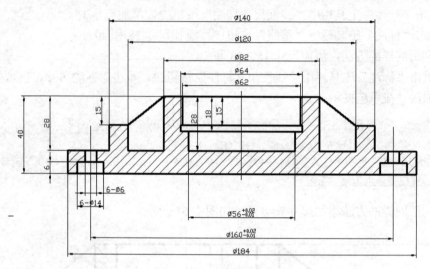

图4-63 "公差标注"样式下添加尺寸

完成轴承端盖的绘制与标注。

4.2.2 任务注释

1．尺寸标注样式

在尺寸标注时，必须符合国家标准规定，因此，在尺寸标注前，须进行尺寸标注样式的设置。

（1）输入命令

输入命令可以采用下列方法之一：

工具栏：单击"标注"工具栏"标注样式"按钮。

菜单栏：选取"标注"菜单→"标注样式"命令。

命令行：键盘输入"DIMSTYLE"或者"D"。

（2）操作格式

执行上面的命令之一，系统会弹出"标注样式管理器"对话框，如图4-64所示。

各选项功能如下：

"当前标注样式"标签：用于显示当前使用的标注样式名称。

"样式"列表框：用于列出当前图中已有的尺寸标注样式。

"列出"下拉列表框：用于确定"样式"列表框中所显示尺寸样式范围。

"预览"框：用于预览当前尺寸标注样

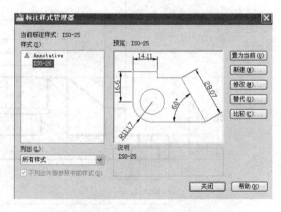

图4-64 "标注样式管理器"对话框

式的标注效果。

"说明"框：用于对当前尺寸标注样式的说明。

"置为当前"按钮：用于将指定的标注样式设置为当前的标注样式。

"新建"按钮：用于创建新的标注样式。

"修改"按钮：用于修改已有的尺寸标注样式。单击"修改"按钮，系统会打开与"修改标注样式"对话框，此对话框与"新建标注样式对话框"形式相似。

"替代"按钮：用于设置当前样式的替代样式。单击"替代"按钮，系统会打开与"替代标注样式"对话框，此对话框与"新建标注样式"对话框形式相似。

"比较"按钮：用于对两个标注样式作比较。

单击"新建"按钮，系统弹出"创建新标注样式"对话框，如图 4-65 所示。

各选项功能如下：

"新样式名"文本框用于确定新尺寸标注样式的名字。

"基础样式"下拉列表框用于确定以哪一个已有的尺寸标注样式为基础定义新的标注样式。

"用于"下拉列表框用于确定新标注样式的应用范围，包括"所有标注"、"线性标注"、"角度标注"、"半径标注"、"直径标注"、"坐标标注"等范围供用户选择。

完成上述设置后，单击"继续"按钮，系统弹出"新建标注样式：直径标注"对话框，如图 4-66 所示。

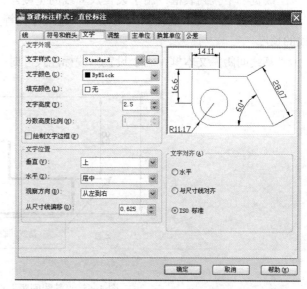

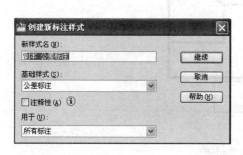

图 4-65 "创建新标注样式"对话框　　　　图 4-66 "新建标注样式：直径标注"对话框

2. 选项卡设置

（1）"线"选项卡设置

该选项卡用于设置尺寸线、延伸线的格式和属性，如图 4-67 所示。

● 尺寸线

在"尺寸线"选项区域中，可以设置尺寸线的颜色、线宽、超出标记以及基线间距等属性。

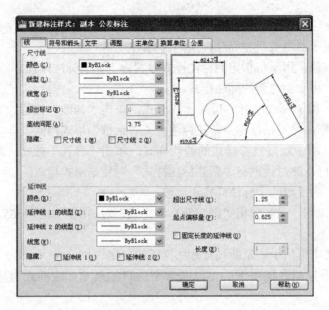

图 4-67 "线"选项卡

"颜色"下拉列表框：用于设置尺寸线的颜色。

"线型"下拉列表框：用于设置尺寸线的线型。

"线宽"下拉列表框：用于设置尺寸线的宽度。

"超出标记"文本框：当采用倾斜、建筑标记等尺寸箭头时，用于设置尺寸线超出延伸线的长度。

"基线间距"文本框：用于设置基线标注尺寸时，尺寸线间的距离，如图 4-68 所示。

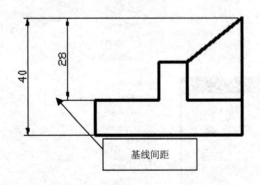

图 4-68 "基线间距"设置示例

"隐藏"通过选择"尺寸线 1"和"尺寸线 2"复选框，可以隐藏第 1 段或第 2 段尺寸线及其相应的箭头，如图 4-69 所示。

● 延伸线

在"延伸线"选项区域中，可以设置延伸线的颜色、线宽、超出尺寸线的长度和起点偏移量，隐藏控制等属性。

"颜色"下拉列表框：用于设置延伸线的颜色。

176

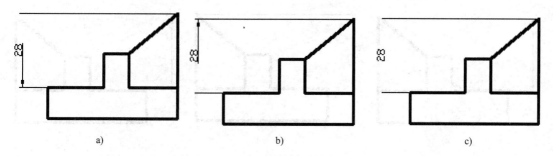

图 4-69　隐藏尺寸线示例

a) 隐藏尺寸线 1　b) 隐藏尺寸线 2　c) 隐藏尺寸线 1 和尺寸线 2

"线宽"下拉列表框：用于设置延伸线的宽度。

"延伸线 1 的线型" 下拉列表框：用于设置延伸线 1 的线型。

"延伸线 2 的线型" 下拉列表框：用于设置延伸线 2 的线型。

"超出尺寸线"文本框：用于设置延伸线超出尺寸线的距离，如图 4-70 所示。

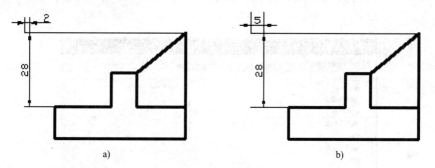

图 4-70　"超出尺寸线"设置示例

a) 超出尺寸线为 2 时　b) 超出尺寸线为 5 时

"起点偏移量"文本框：设置延伸线的起点与标注定义点的距离，如图 4-71 所示。

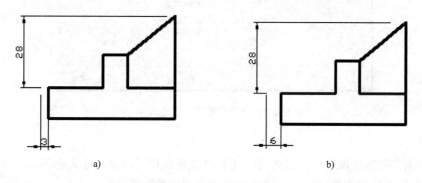

图 4-71　"起点偏移量"设置示例

a) 起点偏移量为 3 时　b) 起点偏移量为 6 时

"隐藏"：通过选中"延伸线 1"或"延伸线 2"复选框，可以隐藏延伸线，如图 4-72 所示。

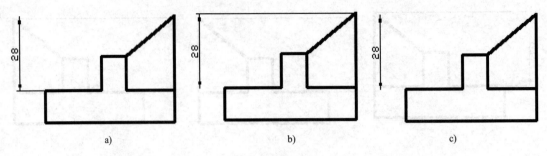

图 4-72 隐藏延伸线示例

a) 隐藏延伸线 1 b) 隐藏延伸线 2 c) 隐藏延伸线 1 和延伸线 2

"固定长度的延伸线"复选框：用于使用特定长度的延伸线来标注图形。"长度"文本框中可以输入延伸线的数值。

（2）"符号和箭头"选项卡设置

该选项卡用于设置箭头、圆心标记、弧长符号和半径折弯的格式与位置，如图 4-73所示。

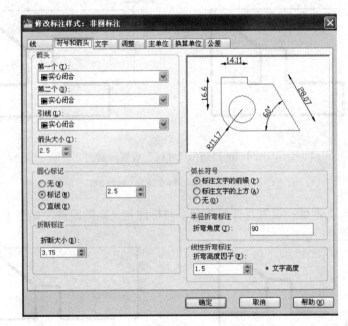

图 4-73 "符号和箭头"选项卡

● 箭头

在"箭头"选项区域中可以设置尺寸线和引线箭头和类型及尺寸大小等。

"第一个"下拉列表框：用于设置第一尺寸线箭头的样式。

"第二个"下拉列表框：用于设置第二尺寸线箭头的样式。

注：尺寸线起止符号标准中有 19 种，在工程图中常用的包括：实心闭合（箭头）、倾斜、建筑标记、小圆点。

"引线"下拉列表框：用于设置引线标注时引线箭头的样式。

"箭头大小"文本框：用于设置箭头的大小。

● 圆心标记

该选项区域用于确定圆或圆弧的圆心标记样式。

"标记"、"直线"、"无"单选钮：用于设置圆心标记类型。

"大小"下拉列表框2.5：用于设置圆心标记大小。

● 弧长符号

该区域中可以设置弧长符号显示的位置，包括："标注文字的前缀"、"标注文字的上方"、"无"三种方式，如图 4-74 所示。

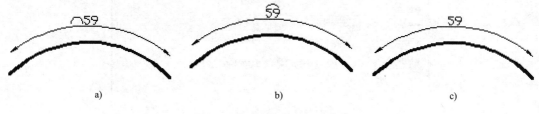

图 4-74　弧长符号的位置示例

a) 标注文字的前缀　b) 标注文字的上方　c) 无

● 半径折弯标注

在"折弯角度"文本框中可以设置标注圆弧半径时，标注线折弯角度大小。

● 折断标注

在该选项区域的"折断大小"文本框中，可以设置标注折断时标注线的长度大小。

● 线性折弯标注

在该选项区域的"折弯高度因子"文本框中，可以设置折弯标注打断时折弯线的高度大小。

（3）"文字"选项卡设置

该选项卡用于设置尺寸文字的外观、位置及其对齐方式等，如图 4-75 所示。

● 文字外观

该选线区域用于设置尺寸文字的样式、颜色和大小等。

"文字样式"下拉列表框：用于选择尺寸数字的样式。

"文字颜色"下拉列表框：用于选择尺寸数字的颜色，一般设置为："Bylayer"（随层）。

"填充颜色"下拉列表框：用于设置文字的颜色。

"文字高度"文本框：用于指定尺寸数字的高度，一般设置为："3.5"。

"分数高度比例"文本框：用于设置基本尺寸中分数数字的高度。在分数高度比例文本框中输入一个数值，系统用该数值与尺寸数字高度的乘积来指定基本尺寸中分数数值的高度。

"绘图文字边框"选项：用于给尺寸数字绘制边框。如：尺寸数字"30"，注为30。

● 文字位置

该选项区域用于设置尺寸文字的位置。

"垂直"下拉列表框：用于设置尺寸数字相对于尺寸线垂直方向上的位置。有"居中"、

"上方"、"外部"、"下"和"JIS"5个选项，前3个示例如图4-76所示。

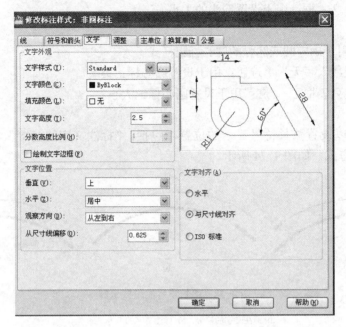

图4-75 "文字"选项卡

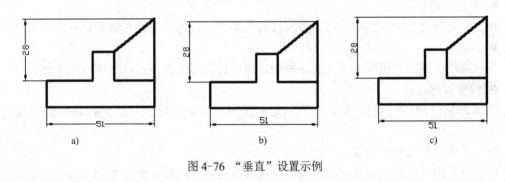

图4-76 "垂直"设置示例

a) 居中　b) 上方　c) 外部

　　"水平"下拉列表框：用于设置尺寸数字相对于尺寸线水平方向上的位置。有"居中"、"第一条延伸线"、"第二条延伸线"、"第一条延伸线上方"和"第二条延伸线上方"五个选项，如图4-77所示。

　　"从尺寸线偏移"文本框：用于设置尺寸数字与尺寸线之间的距离。

　　● 文字对齐

　　该选项区域用于设置标注文字的书写方向。

　　"水平"按钮：用于确定尺寸数字始终沿水平方向放置，如图4-78a所示。

　　"与尺寸线对齐"按钮：用于确定尺寸数字与尺寸线始终平行放置，如图4-78b所示。

　　"ISO标准"按钮：用于确定尺寸数字是否按ISO标准设置。

　　（4）"调整"选项卡设置

　　该选项卡用于设置尺寸数字、尺寸线和尺寸箭头的位置，如图4-79所示。

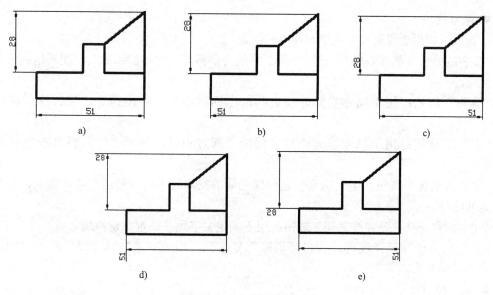

图 4-77 "水平"设置示例

a) 居中   b) 第一条延伸线   c) 第二条延伸线   d) 第一条延伸线上方   e) 第二条延伸线上方

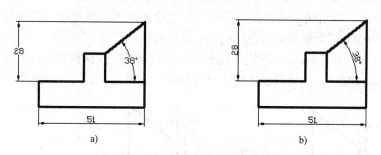

图 4-78 "文字对齐"设置示例

a) "水平"选项   b) "与尺寸线对齐"选项

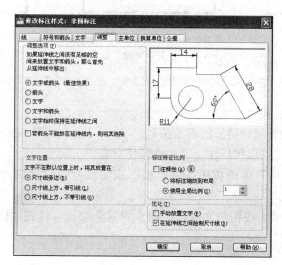

图 4-79 "调整"选项卡

● 调整选项

该选项区域用于设置尺寸数字和箭头的位置。

"文字或箭头（最佳效果）"选钮：用于系统自动移出尺寸数字和箭头，使其达到最佳的标注效果。

"箭头"选钮：用于确定当延伸线之间的空间过小时，移出箭头，使其绘制在延伸线外。

"文字"选钮：用于确定当延伸线之间的空间过小时，移出文字，将其放置在延伸线外。

"文字或箭头"选钮：用于确定当延伸线之间的空间过小时，移出文字和箭头，使其绘制在延伸线外。

"文字始终保持在延伸线之间"选钮：用于确定文字始终放置在延伸线之间。

"若箭头不放在延伸线内，则将其消除"复选框：用于确定当延伸线之间的空间过小时，将不显示箭头。

● 文字位置

该选项区域用于设置标注文字的放置位置。

"尺寸线旁边"选钮：用于确定将尺寸数字放置在尺寸线旁边。

"尺寸线上方，带引线"选钮：用于当尺寸数字不在默认位置时，若尺寸数字与箭头都不足以放在延伸线内，可移动鼠标自动绘出一条引线标注尺寸数字。

"尺寸线上方，不带引线" 选钮：用于当尺寸数字不在默认位置时，若尺寸数字与箭头都不足以放在延伸线内，按引线模式标注尺寸数字，但不画出引线，如图 4-80 所示。

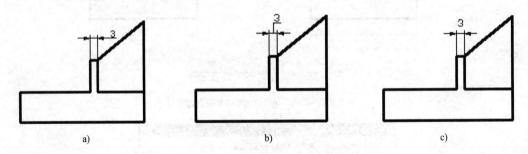

图 4-80　"文字位置"设置示例

a) "尺寸线旁边"　b) "尺寸线上方，带引线"　c) "尺寸线上方，不带引线"

● 标注特征比例

该选项区域用于设置尺寸特征的缩放关系。

"注释性"复选框：可以将标注定义成注释性对象。

"将标注缩放到布局"单选按钮：可以根据当前模型空间视口与图样之间的缩放关系设置比例。

"使用全局比例"单选按钮与文本框：用于设置全部尺寸样式的比例系数，该比例不会改变标注尺寸的尺寸测量值。

● 优化

该选项区域用于确定在设置尺寸标注时，是否使用附加调整。

"手动放置文字"复选框：用于忽略尺寸数字的水平放置，将尺寸放置在指定的位置上。

"在延伸线之间绘制尺寸线"复选框：用于确定始终在尺寸界限内绘制出尺寸线，当尺寸箭头放置在延伸线外时，也可在延伸线之内绘制尺寸线。

（5）"主单位"选项卡设置

该选项卡用于设置标注尺寸的主单位格式，如图4-81所示。

图4-81 "主单位"选项卡

● 线性标注

该选项区域用于设置标注的格式和精度。

"单位格式"下拉列表框：用于设置线性尺寸标注的单位，默认为"小数"单位格式。

"精度"下拉列表框：用于设置线性尺寸标注的精度，即保留小数点后的位数。

"分数格式"下拉列表框：用于确定分数形式标注尺寸时的标注格式。

"分数分隔符"下拉列表框：用于确定小数形式标注尺寸时的分隔符形式。其中包括："句点"、"逗号"和"空格"三种选项。

"舍入"文本框：用于设置测量尺寸的舍入值。

"前缀"文本框：用于设置尺寸数字的前缀。

"后缀"文本框：用于设置尺寸数字的后缀，如图4-82所示。

● 测量单位比例

"比例因子"文本框：用于设置尺寸测量值的比例。

"仅应用到布局标注"复选框：用于确定是否把现行比例系数仅应用到布局标注。

● 消零

"前导"复选框：用于确定尺寸小数点前面的零是否显示。

"后续"复选框：用于确定尺寸小数点后面的零是否显示。

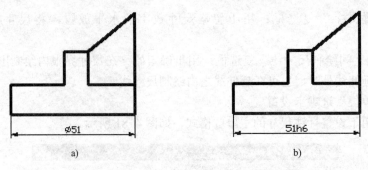

a)   b)

图 4-82   "前缀"和"后缀"的设置效果

a) "前缀"输入"%%c"   b) "后缀"输入"h6"

● 角度标注

该选项组用于设置角度标注时的标注形式和精度等。

"单位格式"下拉列表框：用于设置角度标注时的尺寸单位。

"精度"下拉列表框：用于设置角度标注尺寸的精度位数。

"前导"和"后续"复选框：用于确定角度标注尺寸小数点前、后的零是否显示。

（6）"换算单位"选项卡设置

该选项卡用于设置线性标注和角度标注换算单位格式，如图 4-83 所示。

● 显示换算单位

该复选框用于确定是否显示换算单位，如图 4-84 所示。

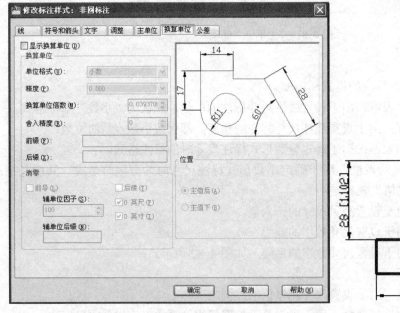

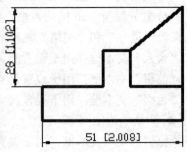

图 4-83 "换算单位"选项卡   图 4-84 "显示换算单位"示例

● 换算单位

该选项区域用于显示换算单位时，确定换算单位的单位格式、精度、换算单位乘数、舍

184

入精度及前缀、后缀等。

● 消零

该选项区域用于确定是否有消除换算单位的前导或后续零。

● 位置

该选项区域用于确定换算单位的放置位置，包括"主值后"和"主值下"两个选项。

（7）"公差"选项卡设置

该选项卡用于设置尺寸公差样式、公差值的高度和位置等，如图4-85所示。

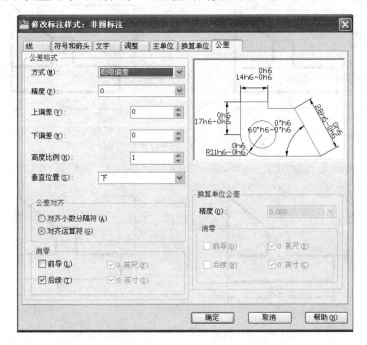

图4-85 "公差"选项卡

● 公差格式

该选项区域用于设置公差标注的格式。

"方式"下拉列表框：用于设置公差标注方式。可选择："无"、"对称"、"极限偏差"、"极限尺寸"和"基本尺寸"等，其标注形式如图4-86所示。

"精度"下拉列表框：用于设置公差值的精度。

"上偏差"/"下偏差"文本框：用于设置尺寸的上、下偏差值，如图4-87所示。

"高度比例"文本框：用于设置公差数字的高度。

"垂直位置"下拉列表框：用于设置公差数字相对于基本尺寸的位置，包括："上"、"中"、"下"三种选择。

"前导"/"后续"复选框：用于确定是否消除公差值的前导和后续的零。

● 换算单位公差

该选项组用于设置换算单位的公差样式。

"精度"下拉列表框：用于设置换算单位的公差值精度。

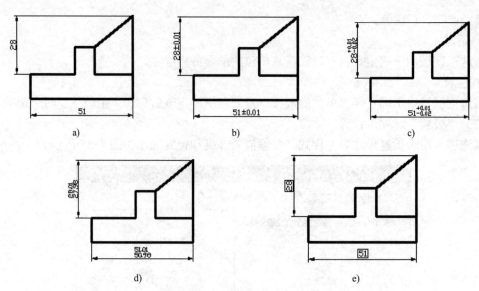

图 4-86 公差标注"方式"示例

a)"无"设置 b)"对称"设置 c)"极限偏差"设置 d)"极限尺寸"设置 e)"基本尺寸"设置

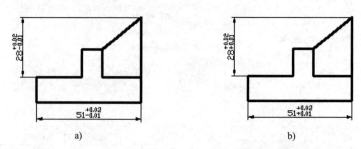

图 4-87 "上偏差"/"下偏差"的输入示例

a)"上偏差"输入"0.02","下偏差"输入"0.01" b)"上偏差"输入"0.02","下偏差"输入"-0.01"

4.2.3 知识拓展

运用尺寸标注样式设置与尺寸标注,完成图 4-88 所示蜗杆端盖零件的绘制。

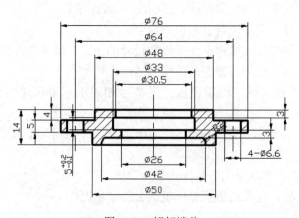

图 4-88 蜗杆端盖

1．图层的设置

用"图层特性管理器"设置新图层，图层设置要求，如表 4-3 所示。

表 4-3　图层的设置

名　称	颜　色	线　型	线　宽
轮廓线	白色	Continuous（连续线）	0.5mm
标注	绿色	Continuous（连续线）	默认
中心线	红色	CENTER	默认
剖面线	蓝色	Continuous（连续线）	默认
虚线	洋红色	ACAD_ISO02W100	默认

设置完成如图 4-89 所示。选择"中心线"层，单击"置为当前"按钮✔，将其设置为当前层，然后关闭"图层特性管理器"对话框。

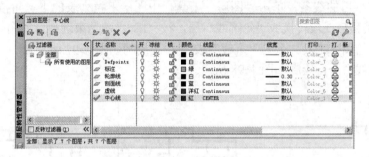

图 4-89　"图层特性管理器"新建图层的设置

2．绘制蜗杆端盖

（1）绘制中心线

1）绘图中状态栏上的"对象捕捉"□按钮、"正交"▣按钮、"显示线宽"➕按钮处于打开状态。

2）单击"绘图"工具栏上的"直线"按钮✎，绘制中心线，如图 4-90 所示。

注： 在对象捕捉设置中，打开"端点"、"圆心"、"交点"和"垂足"捕捉。

（2）绘制蜗杆端盖

1）单击"图层"工具栏中图层下拉列表的下三角按钮，选中"轮廓线"层，将"轮廓线"层设置为当前图层。

2）单击"绘图"工具栏上的"直线"按钮✎，如图 4-91 所示。

3）单击"修改"工具栏上的"偏移"按钮▣，偏移距离 32，如图 4-92 所示。

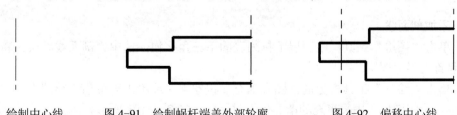

图 4-90　绘制中心线　　　　图 4-91　绘制蜗杆端盖外部轮廓　　　　图 4-92　偏移中心线

4）单击"修改"工具栏上的"打断"按钮□，将中心线多余出来的部分打断，效果如图4-93所示。

5）单击"修改"工具栏上的"偏移"按钮▣，偏移距离3.3，如图4-94所示。

6）单击"修改"工具栏上的"修剪"按钮▣，修剪多余的线条，如图4-95所示。

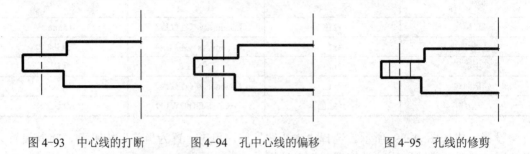

图4-93　中心线的打断　　　　图4-94　孔中心线的偏移　　　　图4-95　孔线的修剪

7）选中偏移后的线条，单击"图层"工具栏中图层下拉列表的下三角按钮，选中"轮廓线"层，将偏移后线段转换成"轮廓线"层，按〈Esc〉键结束选择，如图4-96所示。

8）单击"绘图"工具栏上的"直线"按钮╱，绘制如图4-97所示。

9）重复直线命令，绘制如图4-98所示。

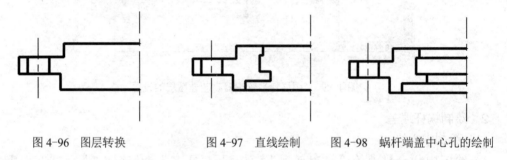

图4-96　图层转换　　　　图4-97　直线绘制　　　　图4-98　蜗杆端盖中心孔的绘制

10）单击"修改"工具栏上"圆角"按钮▢，绘制圆角半径为2，如图4-99所示。

11）单击"修改"工具栏上的"镜像"按钮▲，镜像1/2蜗杆端盖，如图4-100所示。

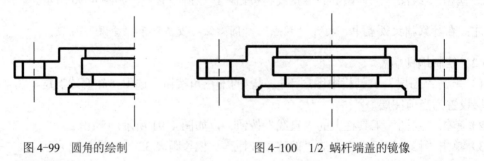

图4-99　圆角的绘制　　　　　　　图4-100　1/2蜗杆端盖的镜像

3. 添加剖面线

1）单击"图层"工具栏中图层下拉列表的下三角按钮，选中"剖面线"层，将"剖面线"层设置为当前图层。

2）单击"绘图"工具栏上的"图案填充"按钮▣，或单击菜单项"绘图"→"图案填充"命令，系统弹出"图案填充和渐变色"对话框，如图4-101所示。

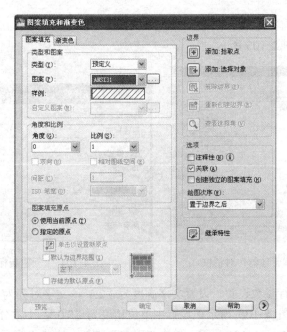

图 4-101 "图案填充和渐变色"对话框

在对话框中，设置如下：

"类型"设置为"预定义"；"图案"设置为"ANSI31"；"角度"设置为"0"；"比例"设置为"0.7"。

3）单击"添加：拾取点"⊞按钮，在绘图区的封闭框中，单击内部任意一点，按〈Enter〉键，返回对话框。

4）单击"预览"进入绘图区，显示图案填充的效果。预览后，按〈Enter〉键，返回"图案填充和渐变色"对话框。

5）单击"确定"按钮，完成图案填充，如图 4-102 所示。

完成蜗杆端盖的绘制。

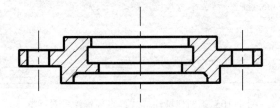

图 4-102 蜗杆端盖的剖面线填充

4. 尺寸标注

1）单击"图层"工具栏中图层下拉列表的下三角按钮，选中"标注"层，将"标注"层设置为当前图层。

2）单击"标注"工具栏上的"标注样式"按钮▲，或单击菜单项"标注"→"标注样式"命令，系统会弹出"标注样式管理器"对话框，如同 4-103 所示。

3）单击"新建"按钮，系统弹出"创建新标注样式"对话框，如图 4-104 所示。在

"新样式名"文本框中输入"直径标注",单击"继续"按钮,系统弹出"新建标注样式:直径标注"对话框,如图 4-105 所示。

图 4-103 "标注样式管理器"对话框

图 4-104 "创建新标注样式"对话框

4)在选项卡中进行参数设置,设置文字高度为"2.5",文字对齐为"ISO 标准",文字位置垂直方向"上",如图 4-105 所示。设置主单位精度为"0.0",小数分隔符为"."(句点),设置前缀为"%%c",如图 4-106 所示,单击"确定"按钮,完成"直径标注"的设置。

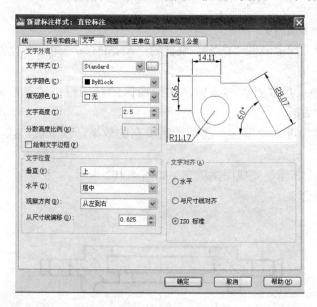

图 4-105 "新建标注样式:直径标注"对话框

5)单击"新建"按钮,系统弹出"创建新标注样式"对话框,在"新样式名"文本框中输入"公差标注",在"基于样式"下拉列表框中选择"ISO-25",单击"继续"按钮,系统弹出"新建标注样式:公差标注"对话框,在"文字"选项卡中进行参数设置,设置文字高度为"2.5",文字对齐为"与尺寸线对齐";在"公差"选项卡中,"方式"下拉列表框中选择"极限偏差","精度"为"0.00","上偏差"输入"0.20","下偏差"输入"0.10","高度比例"输入"0.7",如图 4-107 所示,单击"确定",完成"公差标注"的设置。

6)单击"新建"按钮,系统弹出"创建新标注样式"对话框,在"新样式名"文本框中输入"非圆标注"，在"基于样式"下拉列表框中选择"ISO-25"，单击"继续"按钮，系统弹出"新建标注样式：非圆标注"对话框，在"文字"选项卡中进行参数设置，设置文字高度为"2.5"，文字对齐为"与尺寸线对齐"，单击"确定"按钮，完成"非圆标注"的设置。

系统返回到"标注样式管理器"对话框，如图 4-108 所示，单击"关闭"按钮。

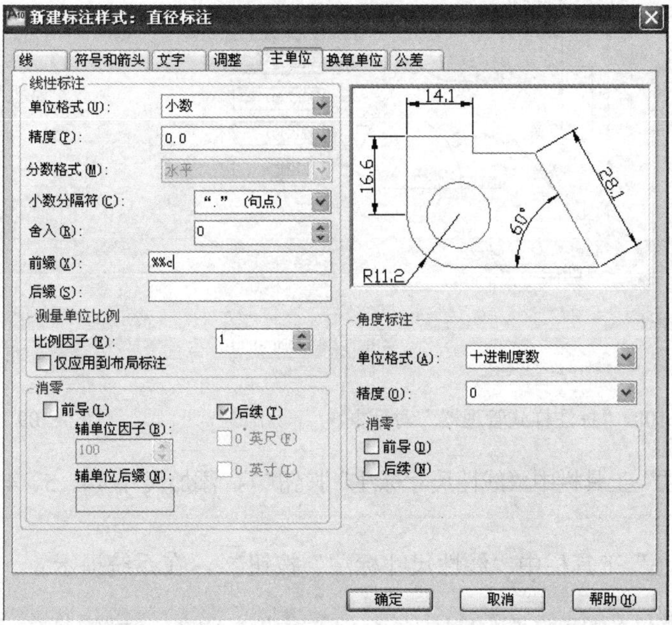

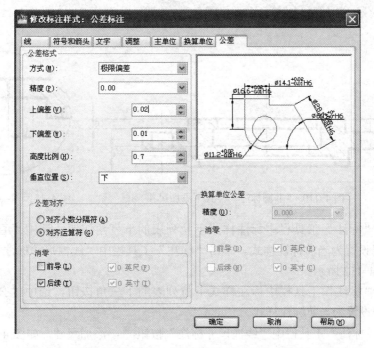

图 4-106 "新建标注样式：直径标注"对话框中"主单位"选项卡

图 4-107 "新建标注样式：公差标注"对话框中"公差"选项卡

7）单击"标注"工具栏中标注样式下拉列表的下三角按钮，选中"非圆标注"，将"非圆标注"层设置为当前标注样式，如图4-109所示。

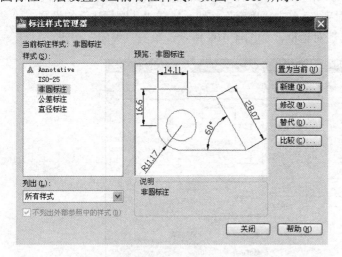

图4-108 "标注样式管理器"对话框

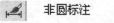

图4-109 图层下拉列表

8）单击"标注"工具栏中"线性尺寸标注"按钮，添加尺寸14、5、4和3，如图4-110所示。

9）单击"标注"工具栏中"线性尺寸标注"按钮，在系统提示：

指定尺寸的位置或[多行文字（M）/文字（T）/角度（A）]：（输入"T"，按〈Enter〉键）。
输入文字<38>：（输入"4-%%c6.6"，按〈Enter〉键）。
指定尺寸线位置或[多行文字（M）/文字（T）/角度（A）/水平（H）/垂直（V）/旋转（R）]：（指定尺寸放置位置，单击鼠标左键），如图4-111所示。

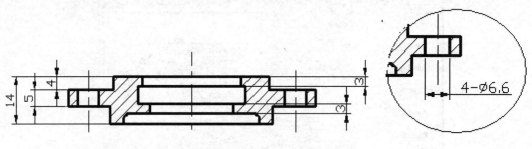

图4-110 "非圆标注"样式下添加尺寸   图4-111 4-φ6.6的标注

10）单击"标注"工具栏中标注样式下拉列表的下三角按钮，选中"直径标注"，将"直径标注"层设置为当前标注样式。单击"标注"工具栏中"线性尺寸标注"按钮，添加尺寸，如图4-112所示。

11）单击"标注"工具栏中标注样式下拉列表的下三角按钮，选中"公差标注"，将"公差标注"层设置为当前标注样式。

12）单击"标注"工具栏中"线性尺寸标注"按钮，添加尺寸，如图4-113所示。

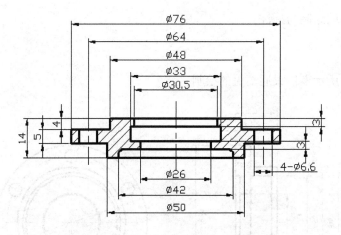

图 4-112 "直径标注"样式下添加尺寸

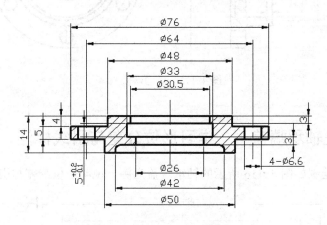

图 4-113 "公差标注"样式下添加尺寸

13）单击"标注"工具栏中标注样式下拉列表的下三角按钮，选中"非圆标注"，将"非圆标注"层设置为当前标注样式。

14）单击"标注"工具栏"半径"按钮 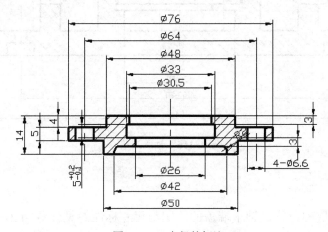，标注半径 2，如图 4-114 所示。

图 4-114 半径的标注

完成蜗杆端盖的绘制与标注。

4.2.4 课后练习

完成图 4-115 所示零件大通端盖的绘制。

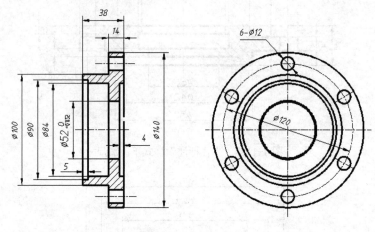

图 4-115 大通端盖

任务 4.3 标注轴承端盖——学习形位公差与引线标注

本任务将仍以绘制如图 4-116 所示的轴承端盖为例，说明形位公差与引线的标注。

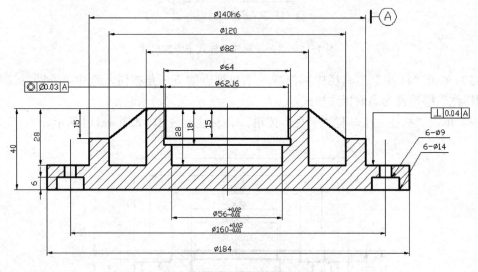

图 4-116 轴承端盖

4.3.1 任务学习

在本例中，图层的设置、轴承端盖的绘制与尺寸标注参见任务 4.2，完成轴承端盖的绘制。

1. 添加引线

1）在命令行中，输入"LE"，按〈Enter〉键，按 AutoCAD 提示（引线标注）：

> 指定第一个引线点或[设置（S）]<设置>：（指定引线的起点箭头的位置）。
> 指定下一点：（指定引线另一点）。
> 指定下一点：（指定引线另一点）。
> 指定文字宽度<0>:(按〈Esc〉键)。

效果如图 4-117 所示。

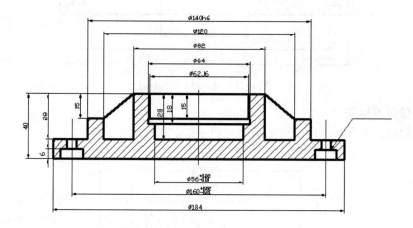

图 4-117　引线的添加

2）单击"绘图"工具栏上的"多行文字"按钮 **A**，或单击菜单项"绘图"→"文字"→"多行文字"命令，按 AutoCAD 提示：

> 指定第一个角点：（鼠标指针呈十形状，按住鼠标左键不放，拖动一个矩形框）。
> 指定对角点或[高度（H）/对正（J）/行距（L）/旋转（R）/样式（S）/宽度（W）/栏（C）]：（系统弹出"文字格式"工具栏，在框中输入"6-%%c9"，在绘图区任意位置单击左键）。

3）生成文字为"6-ϕ9"。选中文字，拖动其到适当的位置，如图 4-118 所示。

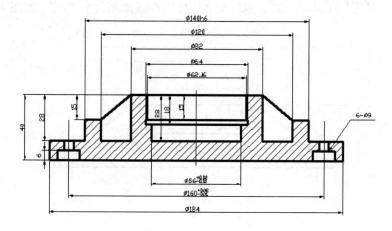

图 4-118　6-ϕ9 文字的添加

195

4）利用同样的方法，完成6-φ14的标注，如图4-119所示。

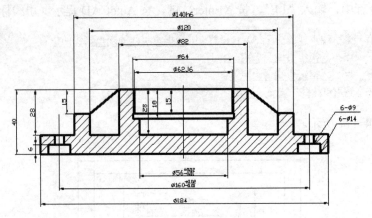

图4-119 6-φ14引线标注

2．形位公差标注

1）利用直线命令和圆命令绘制基准，如图4-120所示。

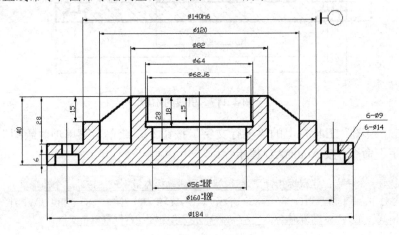

图4-120 基准的绘制

2）单击"绘图"工具栏上的"多行文字"按钮 **A**，添加文字"A"，如图4-121所示。

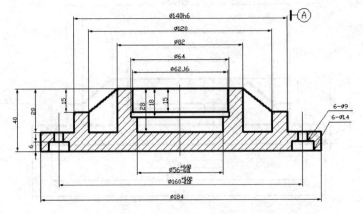

图4-121 基准A的添加

3）在命令行中，输入"LE"，按〈Enter〉键，执行快速引线，添加引线如图 4-122
所示。

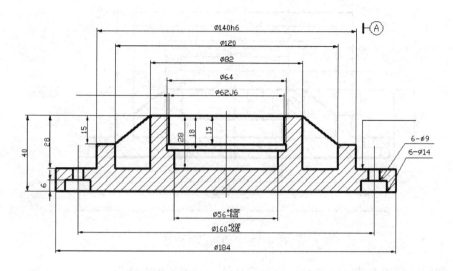

图 4-122　添加引线

4）单击"标注"工具栏上的"公差"按钮，或单击菜单项"标注"→"公差"命令，
系统弹出"形位公差"对话框，如图 4-123 所示（形位公差标注）。

5）选择对话框中"符号"色块，系统弹出"特征符号"对话框，选择需要的公差符
号，如图 4-124 所示。

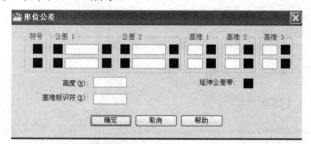

图 4-123　"形位公差"对话框

图 4-124　"特征符号"对话框

6）直接在"公差 1"对应下方文本框中输入"0.04"，在"公差 2"对应下方文本框中
输入字母"A"，如图 4-125 所示，单击"确定"按钮。

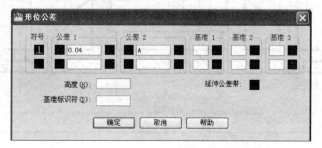

图 4-125　"形位公差"对话框的添加内容

7）移动鼠标至引线位置，单击鼠标左键放置形位公差，如图 4-126 所示。

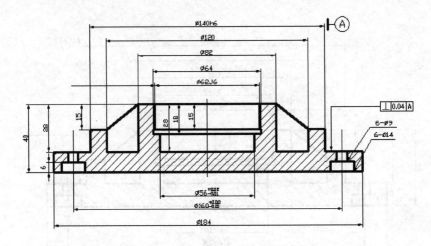

图 4-126　添加形位公差

8）利用同样的方法，添加另一个形位公差，如图 4-127 所示。

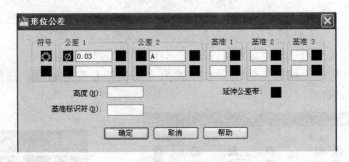

图 4-127　"形位公差"对话框的添加内容

完成轴承端盖的绘制与标注，如图 4-128 所示。

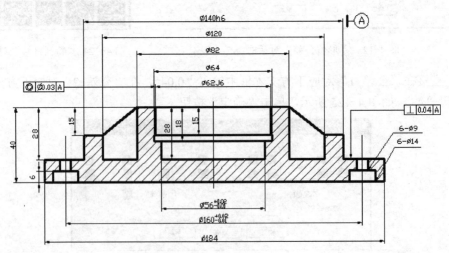

图 4-128　添加形位公差

4.3.2 任务注释

1. 引线标注

该功能为图形添加注释或说明等。引线标注可以分为快速引线标注和多重引线标注。

（1）快速引线标注

1）输入命令。

输入命令可以采用方法如下：

命令行：键盘输入"LE"。

2）操作格式。

执行上面的命令之一，系统提示如下：

指定第一个引线点或[设置（S）]<设置>：（输入"S"，按〈Enter〉键）。

系统会弹出"引线设置"对话框，如图4-129所示。

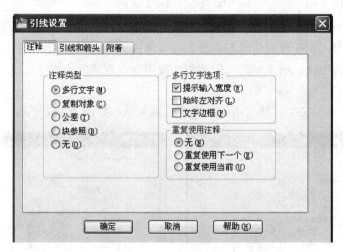

图4-129 "引线设置"对话框

3）说明。

该对话框中有"注释"、"引线和箭头"、"附着"三个选项卡。可对引线的注释、引出线和箭头、附着等参数进行设置。

● "注释"选项卡

该选项卡用于设置引线标注的注释类型、多行文字选项和重复使用注释。

"注释类型"中各选项功能如下：

"多行文字"按钮：用于打开"多行文字编辑器"来标注注释，如图4-130a所示；

"复制对象"按钮：用于复制多行文字、文字、块参照或公差注释的对象来标注注释。

"公差"按钮：用于打开"形位公差"对话框，使用形位公差来标注注释，如图4-130b所示。

"块参照"按钮：用于将绘制图块来标注注释。

"无"按钮：用于绘制引线，无注释，如图4-130c所示。

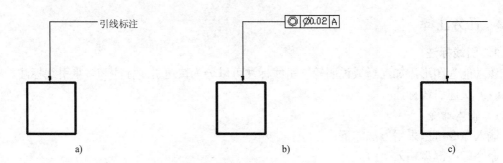

图 4-130 "注释"选项示例

a)"多行文字"注释　b)"公差"注释　c)"无"注释

● "引线和箭头"选项卡

该选项用于设置引线和箭头的格式，如图 4-131 所示。

"引线"选项组：用于确定引线是直线还是样条曲线。

"点数"选项组：用于设置引线采用几段折线，例如三段折线，则点数为 4。

"箭头"选项组：用于设置引线起点处的箭头样式。

"角度约束"选项组：用于对第一段和第二段引线设置角度约束。

● "附着"选项卡

该选项卡用于多行文字注释与引线终点的位置关系，如图 4-132 所示。

图 4-131 "引线和箭头"选项卡图

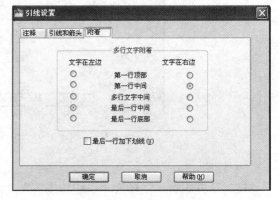

图 4-132 "附着"选项卡

（2）多重引线标注

该命令能够快速标注装配图的零件号和引出公差，而且能清楚的标识制图的标准，说明等内容。

1）创建多重引线标注

以添加引线标注图 4-133 为例说明。

● 输入命令

输入命令可以采用下列方法之一：

工具栏：单击"多重引线"工具栏"多重引线"按钮 。

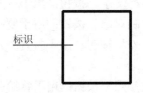

图 4-133　创建多重引线示例

200

菜单栏：选取"标注"菜单→"多重引线"命令。

命令行：键盘输入"MLEADER"或"MLE"。

● 操作格式

执行上面的命令之一，系统提示如下：

指定引线箭头的位置或[引线基线优先（L）/内容优先（C）/选项（O）]<选项>：（在图形中单击左键，确定引线箭头的位置）。

系统会打开文字的输入窗口，在其中输入"标识"即可。

2）管理多重引线标注

单击"多重引线"工具栏中的"多重引线样式"按钮，系统弹出"多重引线样式管理器"对话框，如图4-134所示。

该对话框和"标注样式管理器"对话框功能很相似，可以设置多重引线的格式、结构和内容。单击"新建"按钮，系统弹出"创建新多重引线样式"对话框，如图4-135所示。在"创建新多重引线样式"对话框中可以创建多重引线样式。

图4-134 "多重引线样式管理器"对话框

图4-135 "创建新多重引线样式"对话框

设置了新样式名和基础样式后，单击对话框中的"继续"按钮，系统弹出"修改多重引线样式"对话框，可以创建多重引线的格式、结构和内容，如图4-136所示。用户自定义多重引线样式后，单击"确定"按钮。

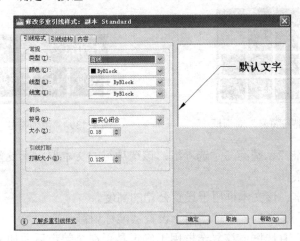

图4-136 "修改多重引线样式"对话框

2. 形位公差标注

该功能用于标注形位公差。

（1）输入命令

输入命令可以采用下列方法之一：

工具栏：单击"标注"工具栏"公差"按钮 ⊞⊡。

菜单栏：选取"标注"菜单→"公差"命令。

命令行：键盘输入"TOLERANCE"或"TOL"。

（2）操作格式

执行上面的命令之一，系统会弹出"形位公差"对话框，如图 4-137 所示。

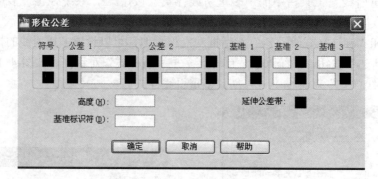

图 4-137　"形位公差"对话框

（3）说明

1）"符号"选项组：该选项组用于确定形位公差的符号，单击选项组中的小黑方框，打开"特征符号"对话框，如图 4-138 所示。单击选取符号后，返回"形位公差"对话框。

2）"公差"选项组：该选项组第一个小方框用于确定是否加直径"ϕ"符号，文本框用于输入公差值，第三个小方框确定包容条件，当单击第三个小方框时，系统会弹出"附加符号"对话框，如图 4-139 所示。

图 4-138　"特征符号"对话框

图 4-139　"附加符号"对话框

3）"基准 1、基准 2、基准 3"选项组：该选项组的文本框用于设置基准符号，后面的小方框用于确定包容条件。

4）"高度"文本框：该文本框用于设置公差的高度。

5）"基准标识符"文本框：该选项用于设置基准标识符。

6）"延伸公差带"复选框：该复选框用于确定是否在公差带后面加上投影公差符号。设置后，单击"确定"，退出"形位公差"对话框，指定插入公差的位置，即完成形位公差的标注。

4.3.3 知识拓展

运用引线与形位公差标注，完成图 4-140 所示蜗杆端盖零件的绘制。

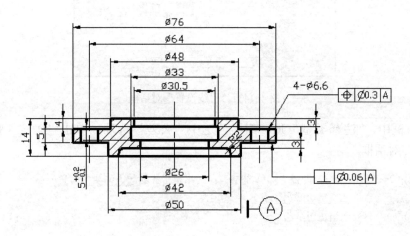

图 4-140 蜗杆端盖

在拓展练习中，图层的设置、蜗杆端盖的绘制与标注参见任务 4.2 知识拓展练习，完成蜗杆端盖的绘制，如图 4-112 所示。

添加引线与形位公差标注的操作步骤如下。

1）利用直线命令和圆命令绘制基准，如图 4-141 所示。
2）单击"绘图"工具栏上的"多行文字"按钮 A，添加文字"A"，如图 4-142 所示。

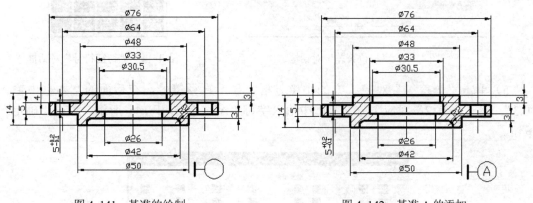

图 4-141 基准的绘制   图 4-142 基准 A 的添加

3）在命令行中，输入"LE"，按〈Enter〉键，按 AutoCAD 提示：

指定第一个引线点或[设置（S）]<设置>：（输入"S"，按〈Enter〉键）。

系统会弹出"引线设置"对话框，如图 4-143 所示。

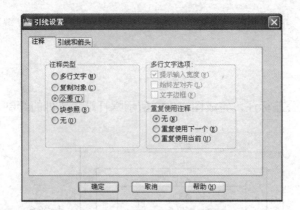

图 4-143　"引线设置"对话框

在对话框中，"注释类型"选项组中，选中"公差"选项，单击"确定"按钮，退出
"引线设置"对话框。

指定第一个引线点或[设置（S）]<设置>：（指定引线的起点箭头的位置）。
指定下一点：（指定引线另一点）。
指定下一点：（指定引线另一点）。

系统自动弹出"形位公差"对话框，如图 4-144 所示。

4）选择对话框中"符号"色块，系统弹出"特征符号"对话框，选择需要的公差符号，如图 4-145 所示。

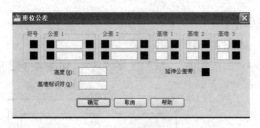

图 4-144　"形位公差"对话框

图 4-145　"特征符号"对话框

5）单击"公差 1"对应下方的小黑方框，显示直径符号，在后面的文本框中输入
"0.3"，在"公差 2"对应下方文本框中输入字母"A"，如图 4-146 所示，单击"确定"
按钮。

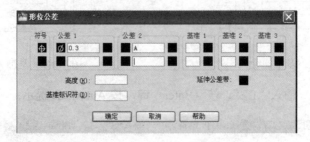

图 4-146　"形位公差"对话框的添加内容

6）绘制效果如图 4-147 所示。

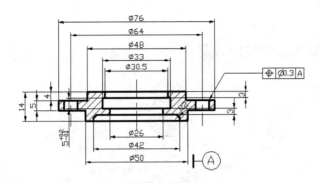

图 4-147　引线与形位公差的添加

7）利用同样的方法，添加另一个形位公差，如图 4-148 所示。

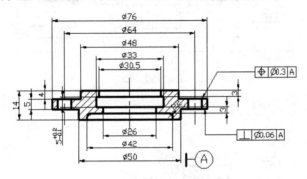

图 4-148　引线与形位公差的添加

8）单击"绘图"工具栏上的"多行文字"按钮 **A**，或单击菜单项"绘图"→"文字"→"多行文字"命令，按 AutoCAD 提示：

指定第一个角点：（鼠标指针呈十形状，按住鼠标左键不放，拖动一个矩形框）。
　　指定对角点或[高度（H）/对正（J）/行距（L）/旋转（R）/样式（S）/宽度（W）/栏（C）]：（系统弹出"文字格式"工具栏，在框中输入"4-%%c6.6"，在绘图区任意位置单击左键）。

生成文字为"4-ϕ6.6"。选中文字，拖动其到适当的位置，如图 4-149 所示。

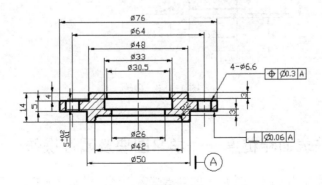

图 4-149　文字添加

完成蜗杆端盖的绘制。

4.3.4　课后练习

1. 完成图 4-150 所示零件轴的绘制。

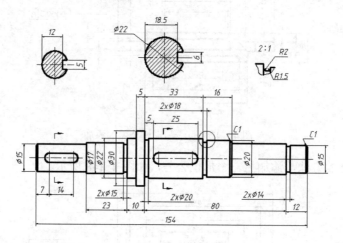

图 4-150　轴

2. 完成图 4-151 所示零件齿轮的绘制。

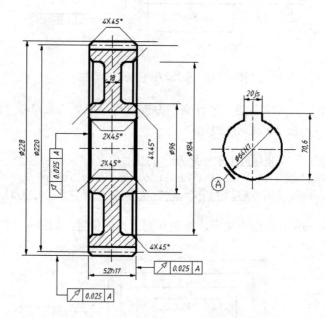

图 4-151　齿轮

任务 4.4　标注表面粗糙度——学习图块及属性操作

本任务将仍以绘制如图 4-152 所示的轴承端盖为例，说明表面粗糙度的标注。

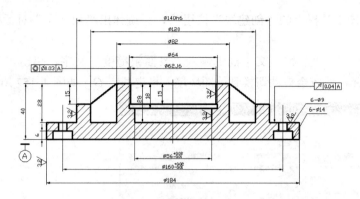

图 4-152　轴承端盖

4.4.1　任务学习

在本例中，图层的设置、轴承端盖的绘制与标注参见任务 4.3。

1. 表面粗糙度的绘制

1）单击"图层"工具栏中图层下拉列表的下三角按钮，选中"尺寸标注线"层，将"尺寸标注线"层设置为当前图层。

2）单击"绘图"工具栏上的"直线"按钮，按 AutoCAD 提示：

> 指定第一点：（输入起始点）（用鼠标在绘图区任意位置拾取一点）。
> 指定下一点或【放弃（U）】：（输入"@-4.0"，按〈Enter〉键）。
> 指定下一点或【闭合（C）/放弃（U）】：（输入"@4<300"，按〈Enter〉键）。
> 指定下一点或【闭合（C）/放弃（U）】：（输入"@8<60"，按〈Enter〉键）。
> 指定下一点或【闭合（C）/放弃（U）】：（按〈Enter〉键或<Esc>键）。

绘制的图形如图 4-153 所示。

3）执行菜单项"绘图"→"块"→"定义属性"命令，系统会弹出"属性定义"对话框，如图 4-154 所示（块属性）。

4）在对话框中，"标记"文本框中输入"3.2"，设置"文字高度"为"2.5"，单击"确定"按钮，此时系统会进入绘图区，鼠标指针呈 状，拖动鼠标至合适的位置单击左键，放置块属性，如图 4-155 所示。

图 4-153　表面粗糙度符号　　　　　图 4-154　"属性定义"对话框　　　　　图 4-155　块属性

5）单击绘图工具栏上的"创建块"按钮，系统弹出"块定义"对话框，如图 4-156 所示（创建块）。

6）在对话框中，"名称"文本框中输入"表面粗糙度"文字，单击"基点"选项组中"拾取点"按钮，系统会自动切换到绘图环境，指定基点 O，如图 4-157 所示。

图 4-156 "块定义"对话框   图 4-157 选择基点 O

7）系统返回"块定义"对话框，单击"对象"选项组中"选择对象"按钮，系统会自动切换到绘图环境，利用窗选选取所需要创建为块的图素，按"空格"或〈Enter〉键，返回"块定义"对话框，单击"确定"按钮。系统会弹出"编辑属性"对话框，如图 4-158 所示，在文本框中输入"3.2"，单击"确定"按钮。

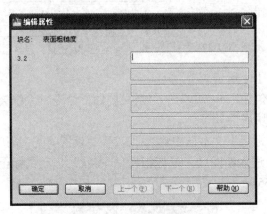

图 4-158 "编辑属性"对话框

2. 表面粗糙度的插入（插入块）

1）单击绘图工具栏上的"插入块"按钮，系统弹出"插入"对话框，如图 4-159 所示。

2）单击"确定"按钮，系统会自动切换到绘图环境，系统命令行会提示：

> 指定插入点或[基点（B）/比例（S）/X/Y/Z/旋转（R）]：（移动鼠标至合适的位置放置表面粗糙度，单击鼠标左键）。
> 3.2：（输入"3.2"，按〈Enter〉键）。

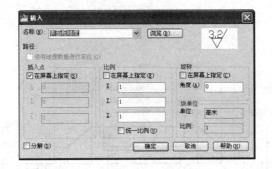

图 4-159 "插入"对话框

插入一个表面粗糙度，如图 4-160 所示。

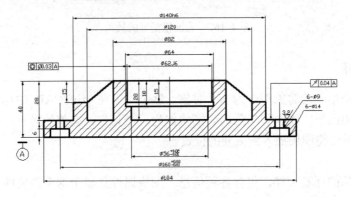

图 4-160 表面粗糙度的插入

3）单击绘图工具栏上的"插入块"按钮，系统弹出"插入"对话框，再插入一个表面粗糙度。在对话框中，"旋转"选项组的"角度"文本框中输入"90"。单击"确定"按钮，系统会自动切换到绘图环境，系统命令行会提示：

指定插入点或[基点（B）/比例（S）/X/Y/Z/旋转（R）]：（移动鼠标至合适的位置放置表面粗糙度，单击鼠标左键）。

3.2：（输入"3.2"，按〈Enter〉键）。

插入一个表面粗糙度，如图 4-161 所示。

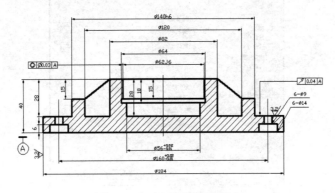

图 4-161 表面粗糙度的插入

4）利用相同的方法插入其余表面粗糙度的符号，如图 4-162 所示，完成表面粗糙度的添加。

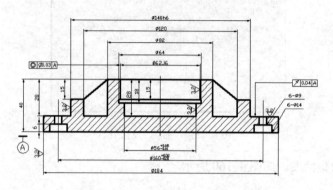

图 4-162　表面粗糙度的插入

4.4.2　任务注释

将一个或多个单一的对象整合为一个对象，这个对象在 AutoCAD 中称为块。图块中各对象可以有各自的图层，线型和颜色等。图块作为一个独立、完整的对象进行操作，可以根据需要按比例和角度将图块插入到需要的位置。

1．块属性

属性如同商品的标签一样，包含各种信息，图块属性是属于这个图块的非图形信息，即图块的文本对象，与图块构成一个整体。

（1）定义图块属性

1）输入命令。

输入命令可以采用下列方法之一：

菜单栏：选取"绘图"菜单→"块"→"定义属性"。

命令行：键盘输入"ATTDEF"或"ATT"。

2）操作格式。

执行上面命令之一，系统会弹出"属性定义"对话框，如图 4-163 所示。

图 4-163　"属性定义"对话框

3）说明。

● "模式"选项组

"不可见"复选框：用于确定属性值在绘图区是否可见。

"固定"复选框：用于确定属性值是否是常量。

"验证"复选框：用于在插入属性图块时，提示用户核对输入的属性值是否正确。

"预设"复选框：用于设置属性值，在以后的属性图块插入过程中，不再提示用户属性值，而是自动地填写预设属性值。

● "属性"选项组

"标记"文本框：用于输入所定义属性的标志。

"提示"文本框：用于输入插入属性图块时所需要提示的信息。

"默认"文本框：用于输入图块属性的值。

● "插入点"选项组：用于确定属性文本排列在图块中的位置。可以直接在输入点插入点的坐标值，也可以选中"在屏幕上指定"复选框，在绘图区指定。

● "文字设置"选项组

该选项组用于设置属性文本的对齐方式及样式等特性。

"对正"下拉列表框：用于选择文字的对齐方式。

"文字样式"下拉列表框：用于选择字体样式。

"文字高度"按钮：用于在绘图区指定文字的高度，可以在右侧的文本框中输入高度值。

"旋转"按钮：用于在绘图区指定文字的旋转角度，也可以在右侧文本框中输入旋转角度值。

（2）编辑图块属性

可以修改图块定义的属性名，提示内容等属性值。

1）输入命令。

输入命令可以采用下列方法之一：

菜单栏：选取"修改"菜单→"对象"→"属性"→"单个"。

命令行：键盘输入"DDEDIT"。

2）操作格式。

执行上面命令之一，系统提示：

选择块：（选择要编辑的图块对象）。

系统会打开"增强属性编辑器"对话框，如图 4-164 所示，该对话框有三个选项卡："属性"、"文字选项"和"特性"。

3）说明。

● "属性"选项卡

该选项卡的列表框中显示了图块的每个属性"标记"、"提示"和"值"。在列表框中选择某一属性后，在"值"文本框中将显示该属性对应的属性值，用户可以修改属性值。

● "文字"选项卡

该选项卡用于修改属性文字的样式，如图 4-165 所示。

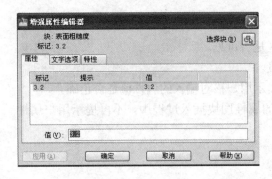

图 4-164 "增强属性编辑器"对话框   图 4-165 "文字"选项卡

● "特性"选项卡

该选项卡用于修改属性文字的图层、线宽、线型、颜色和打印样式等,如图 4-166 所示。

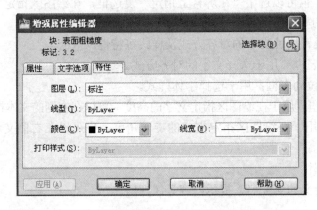

图 4-166 "特性"选项卡

2.创建块

(1) 创建内部图块

内部图块指创建的图块保存在定义该图块的图形中,只能在当前图形中应用,不能插入到其他 CAD 文件中的其他图形中使用。

1) 输入命令。

输入命令可以采用下列方法之一:

工具栏:单击"块"工具栏"创建"按钮![icon]。

菜单栏:选取"绘图"菜单→"块"→"创建"。

命令行:键盘输入"BLOCK"或"B"。

2) 操作格式。

执行上面命令之一,系统打开"块定义"对话框,如图 4-167 所示。

输入选择完毕后,最后单击"确定"按钮,完成图块的创建。

3) 说明。

● "名称"文本框

该选项组用于输入新建图块的名称,必须输入。

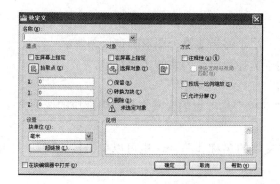

图 4-167 "块定义"对话框

● "基点"选项组

该选项组用于设置该图块插入基点的 X、Y、Z 坐标。

● "对象"选项组

该选项组用于选择要创建图块的对象。

"选择对象"按钮：用于在绘图区选择对象。

"快速选择"按钮：用于在打开"快速选择"对话框中选择对象。

"保留"单选钮：用于创建图块后保留原对象。

"转换成块"单选钮：用于创建图块后，原对象转换成图块。

"删除"单选钮：用于创建图块后，删除原对象。

● "块单位"下拉列表框

该下拉列表框用于设置创建图块的单位。

● "说明"文本框

该文本框用于输入图块的简要说明。

● "超链接"按钮

该按钮用于打开"插入超链接"对话框，在该对话框中可以插入超链接文档。

（2）创建外部图块

外部图块与内部图块的区别是，创建外部图块作为独立文件保存，可以插入到任何图形中去，并可以对图块进行打开和编辑。

1）输入命令。

命令行：键盘输入"WBLOCK"或"W"。

2）操作格式。

执行上面命令，系统打开"写块"对话框，如图 4-168 所示。

输入选择完毕后，最后单击"确定"按钮，完成外部图块的创建。

图 4-168 "写块"对话框

3）说明。

● "源"选项组

该选项组用于确定图块定义的范围。

"块"单选项：用于在左边的下拉表框中选择已保存的图像。

"整个图形"单选项：用于将当前整个图形确定为图块。

"对象"单选项：用于选择要定义为块的实体对象。

●"基点"选项组和"对象"选项组

"基点"选项组和"对象"选项组的含义与创建内部块的选项含义相同。

●"目标"选项组

用于指定保存图块文件的名称和路径，也可以单击按钮┈┈，打开"浏览图形文件"对话框，指定名称和路径。

●"插入单位"文本框

该文本框用于设置图块的单位。

3．插入块

（1）输入命令

输入命令可以采用下列方法之一：

工具栏：单击"块"工具栏"插入"按钮![icon]。

菜单栏：选取"插入"菜单→"块"。

命令行：键盘输入"INSERT"或"I"。

（2）操作格式

执行上面命令之一，系统打开"插入"对话框，如图 4-169 所示。

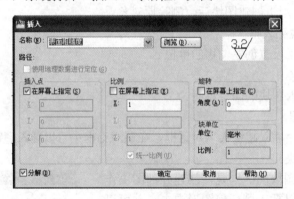

图 4-169 "插入"对话框

输入选择完毕后，最后单击"确定"按钮，完成图块的插入操作。

（3）说明

●"名称"下拉列表框

用于输入或选择已有的图块名称；也可以单击"浏览"按钮，在打开的"选择图形文件"对话框中选择需要的外部图块。

●"插入点"选项组

用于确定图块的插入点。可以直接在 X、Y、Z 文本框中输入点的坐标，也可以通过选中"在屏幕上指定"复选框，在绘图区内指定插入点。

●"缩放比例"选项组

用于确定图块的插入比例；可以直接在 X、Y、Z 文本框中输入块在三个方向的坐标，也可以通过"在屏幕上指定"复选框，在绘图区指定。如果选中"统一比例"复选框，三个方向的比例相同，只需要输入 X 方向的比例即可。

● "旋转"选项组

用于确定图块插入的旋转角度，可以直接在"角度"文本框中输入角度值，可以选中"在屏幕上指定"复选框，在绘图区指定。

● "分解"复选框

用于确定是否把插入的图块分解为各自独立的对象。

4.4.3 知识拓展

利用块操作完成图 4-170 所示蜗杆端盖的绘制。

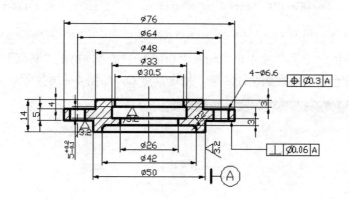

图 4-170 蜗杆端盖

在拓展练习中，图层的设置、蜗杆端盖的绘制与标注参见任务 4.3 知识拓展练习。

1. 表面粗糙度的绘制

1）单击"图层"工具栏中图层下拉列表的下三角按钮，选中"标注"层，将"标注"层设置为当前图层。

2）单击"绘图"工具栏上的"直线"按钮 ✏，绘制图 4-171 所示。

3）单击"修改"工具栏上的"旋转"按钮 ○，将图形旋转如图 4-172 所示。

图 4-171 直线绘制　　　　　　图 4-172 旋转图形

4）执行菜单项"绘图"→"块"→"定义属性"命令，系统会弹出"属性定义"对话框，如图 4-173 所示。

5）在该对话框中，"标记"文本框中输入"AA"，设置"文字高度"为"2.5"，单击"确定"按钮，此时系统会进入绘图区，鼠标指针呈 状，拖动鼠标至合适的位置单击左键，放置块属性，如图 4-174 所示。

图 4-173 "属性定义"对话框   图 4-174 块属性

6）单击"块"工具栏上"创建块"按钮，系统弹出"块定义"对话框，如图 4-175 所示。

7）在对话框中，"名称"文本框中输入"粗糙度"文字，单击"基点"选项组中"拾取点"按钮，系统会自动切换到绘图环境，指定基点 Q，如图 4-176 所示。

图 4-175 "块定义"对话框   图 4-176 选择基点 Q

8）系统返回"块定义"对话框，单击"对象"选项组中"选择对象"按钮，系统会自动切换到绘图环境，利用框选选取所需要创建为块的图素，按"空格"或〈Enter〉键，返回"块定义"对话框，单击"确定"按钮。系统会弹出"编辑属性"对话框，如图 4-177 所示，在文本框中输入"3.2"，单击"确定"按钮。

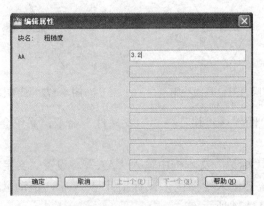

图 4-177 "编辑属性"对话框

2．表面粗糙度的插入

1）单击"块"工具栏上的"插入块"按钮🔲，系统弹出"插入"对话框，如图 4-178 所示。

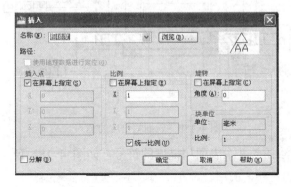

图 4-178 "插入"对话框

2）单击"确定"按钮，系统会自动切换到绘图环境，系统命令行会提示：

指定插入点或[基点（B）/比例（S）/X/Y/Z/旋转（R）]：（移动鼠标至合适的位置放置表面粗糙度，单击鼠标左键）。
AA：（输入"3.2"，按〈Enter〉键）。

插入一个表面粗糙度，如图 4-179 所示。

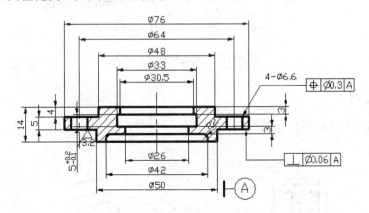

图 4-179 表面粗糙度的插入

3）单击"块"工具栏上的"插入块"按钮🔲，系统弹出"插入"对话框，再插入一个表面粗糙度。在对话框中，"旋转"选项组的"角度"文本框中输入"90"。单击"确定"按钮，系统会自动切换到绘图环境，系统命令行会提示：

指定插入点或[基点（B）/比例（S）/X/Y/Z/旋转（R）]：（移动鼠标至合适的位置放置表面粗糙度，单击鼠标左键）。
AA：（输入"3.2"，按〈Enter〉键）。

插入一个表面粗糙度，如图 4-180 所示。

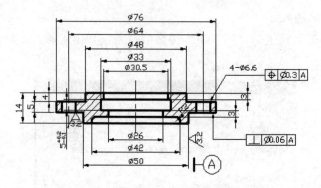

图 4-180　表面粗糙度的插入

4）利用相同的方法插入其余表面粗糙度的符号，如图 4-181 所示，完成表面粗糙度的添加。

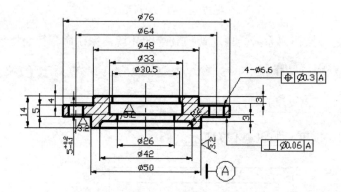

图 4-181　表面粗糙度的插入

4.4.4　课后练习

1. 完成图 4-182 所示齿轮的绘制。

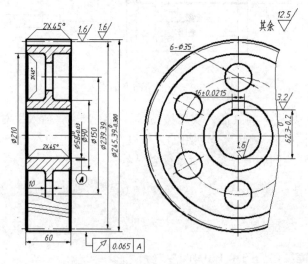

图 4-182　齿轮

2. 完成图 4-183 所示可通端盖的绘制。

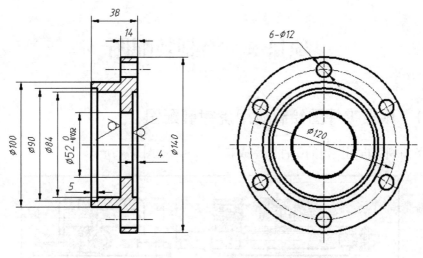

图 4-183　可通端盖

3. 完成图 4-184 所示低速轴的绘制。

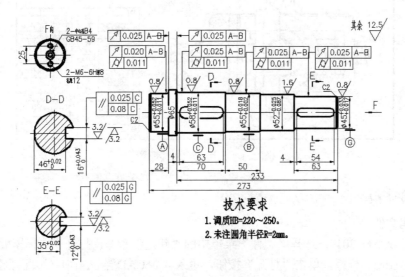

图 4-184　低速轴

项目 5　绘制装配图

任务 5.1　根据零件图绘制机用虎钳装配图

本任务将利用机用虎钳的零件图完成其装配图，如图 5-1 所示。

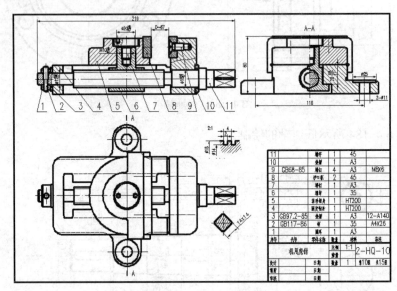

图 5-1　机用虎钳的装配图

5.1.1　任务学习

1. 新建文件

启动 AutoCAD 2010，选择"文件"菜单中的"新建"命令，打开"选择模板"对话框，选择"acadiso.dwt"样板，单击"打开"按钮，进入 AutoCAD 绘图窗口（装配图绘制方法）。

2. 设置绘图环境

用"图层特性管理器"设置新图层，图层设置要求，如图 5-2 所示。

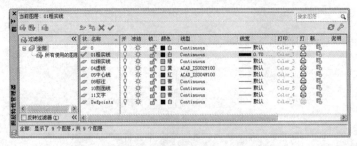

图 5-2　"图层特性管理器"新建图层的设置

220

3．绘制图幅和标题栏

利用直线命令、插入表格和文字添加等命令，完成图幅和标题栏的绘制，如图 5-3 所示。

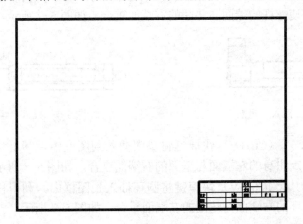

图 5-3　图幅和标题栏

4．绘制装配体

1）将零件图中所有的尺寸标注层关闭，如图 5-4 所示。

08标注　　　♀　✿　🔓 □青　Continuous　————默认　　　Color_4　🖶 🗔

图 5-4　标注层关闭

2）在键盘上依次按下〈Ctrl+C〉、〈Ctrl+V〉快捷键将固定钳身复制并粘贴到图框中，如图 5-5 所示。

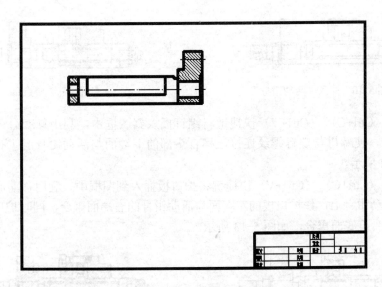

图 5-5　插入"固定钳身"

3）利用〈Ctrl+C〉、〈Ctrl+V〉快捷键将垫圈插入到图框中，利用旋转命令 ↻ 将零件转 180°，再利用移动命令 ✛，将垫圈安装在固定钳身上，使垫圈的端面与固定钳身的右端台阶孔的内表面重合，如图 5-6 所示。

4）利用〈Ctrl+C〉、〈Ctrl+V〉快捷键将螺杆插入到图框中，利用移动命令✛|，将螺杆安装在固定钳身上，使螺杆的端面与垫圈的右端面重合，如图 5-7 所示。

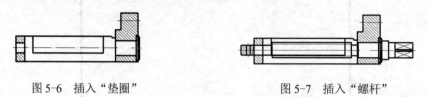

图 5-6　插入"垫圈"　　　　　　　　　　　　图 5-7　插入"螺杆"

5）利用〈Ctrl+C〉、〈Ctrl+V〉快捷键将垫圈插入到图框中，利用移动命令✛|，将垫圈安装在螺杆上，使固定钳身的左端面与垫圈的右端面重合，如图 5-8 所示。

6）利用〈Ctrl+C〉、〈Ctrl+V〉快捷键将圆环插入到图框中，利用移动命令✛|，将圆环安装在螺杆上，使圆环的右端面与垫圈的左端面重合，如图 5-9 所示。

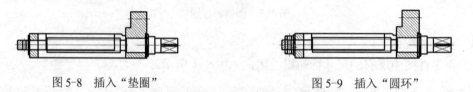

图 5-8　插入"垫圈"　　　　　　　　　　　　图 5-9　插入"圆环"

7）利用〈Ctrl+C〉、〈Ctrl+V〉快捷键将活动钳身插入到图框中，利用移动命令✛|，将活动钳身安装在固定钳身上，使活动钳身的底面与固定钳身的底面重合，如图 5-10 所示。

8）利用〈Ctrl+C〉、〈Ctrl+V〉快捷键将螺母插入到图框中，利用移动命令✛|，将螺母安装在螺杆上，使螺母与螺杆螺纹连接，如图 5-11 所示。

图 5-10　插入"活动钳身"　　　　　　　　　　图 5-11　插入"螺母"

9）利用〈Ctrl+C〉、〈Ctrl+V〉快捷键将螺钉插入到图框中，利用移动命令✛|，将螺钉安装在螺母上，使螺母与螺钉螺纹连接，螺钉头部的下端面与活动钳身沉头孔底部端面重合，如图 5-12 所示。

10）利用〈Ctrl+C〉、〈Ctrl+V〉快捷键将护口板插入到图框中，利用移动命令✛|，将护口板安装在活动钳身上，使护口板的左端面与活动钳身的右端面重合，同时护口板的下端面与活动钳身的台阶底面重合，如图 5-13 所示。

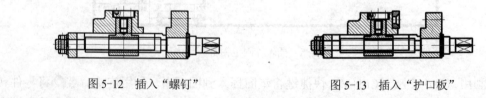

图 5-12　插入"螺钉"　　　　　　　　　　　　图 5-13　插入"护口板"

11）利用〈Ctrl+C〉、〈Ctrl+V〉快捷键将护口板插入到图框中，先利用镜像命令⚖，将护口板镜像，再利用移动命令 ，将护口板安装在固定钳身上，使护口板的右端面与固定钳身的左端面重合，同时护口板的下端面与固定钳身的台阶底面重合，如图 5-14 所示。

12）利用〈Ctrl+C〉、〈Ctrl+V〉快捷键将螺钉插入到图框中，利用移动命令 ，将螺钉安装在护口板上，使螺纹连接，螺钉头部的下端面与护口板的锥度孔底部端面重合，如图 5-15 所示。

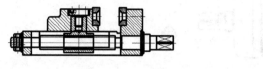 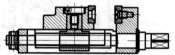

图 5-14 插入"护口板"　　　　　　　　　　　图 5-15 插入"螺钉"

5．补全与修剪装配体

绘制销在适当的位置，同时利用"修改"工具栏对装配体的细节部分进行修剪，结果如图 5-16 所示（修剪技巧）。

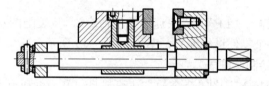

图 5-16 补全与修剪装配体

6．绘制装配体的俯视图和左视图

利用同样的方法绘制俯视图和左视图，结果如图 5-17 所示。

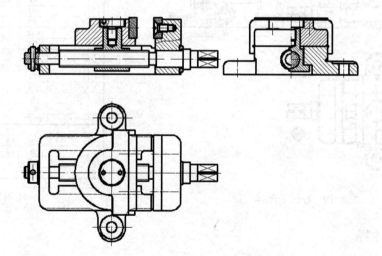

图 5-17 绘制装配体的俯视图和左视图

7．补全装配体

将装配体中未表达清楚的内容通过局部放大视图或断面图等表达清楚与完善，结果如图 5-18 所示。

223

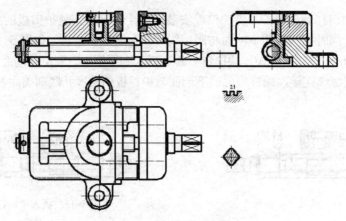

图 5-18　补全装配体

8．标注装配体

1）单击"标注"工具栏上的"标注样式"按钮，创建带公差的标注样式，创建方法可参照前面相关任务。

2）在命令行中，输入"LE"（"快速引线"命令），从装配图左下角开始，沿装配体表面逆时针顺序依次给各个零件进行编号，结果如图 5-19 所示。

9．填写标题栏和绘制明细表

利用直线命令或插入表格命令的方法绘制明细表，再利用"添加文字"命令，填写标题栏和明细表，结果如图 5-20 所示，完成机用虎钳装配图的绘制。

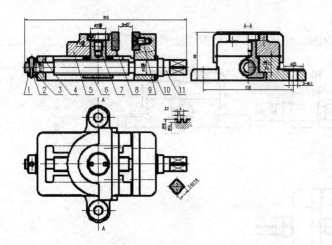

图 5-19　标注装配体

11		螺杆	1	45	
10		垫圈	1	A3	
9	GB68-85	螺钉	4	A3	M8x6
8		护口板	2	45	
7		螺钉	1	A3	
6		螺母	1	35	
5		活动钳身	1	HT200	
4		固定钳身	1	HT200	
3	GB97.2-85	垫圈	1	A3	12-A140
2	GB117-86	销	1	35	A4x26
1		圆环	1	A3	
序号	代号	零件名称	数量	材料	备注

机用虎钳		比例	1:1	2-HQ-10
		重量		
设计		日期	数量	1	第10张 共15张
制图		日期		
审核		日期		

图 5-20　绘制明细表

5.1.2　任务注释

1．装配图绘制方法

装配图不仅表达了部件的设计构思、工作原理和装配关系，还表达了各零件间的相互位置关系、尺寸及结构形状。它是绘制零件工作图、部件组装、调试及维护等的技术依据。

（1）装配图的内容

一组图形：用一般表达方法和特殊表达方法，正确、完整、清晰和简便地表达装配体的工作原理、零件之间的装配关系，连接关系和零件的主要结构形状。

必要的尺寸：在装配图上必须标注出表示装配体的性能、规格以及装配、检验、安装所需要的尺寸。

技术要求：用文字或符号说明装配体的性能、装配、检验、调试和使用等方面的要求。

标题栏、零件的序号和明细表：按一定的格式，将零件、部件进行编号，并填写标题栏和明细表，以便读图。

（2）装配图的绘制过程

绘制装配图时，要注意检验、校正零件的形状和尺寸，并纠正零件草图中的不妥或错误之处。

1）设置绘图环境。绘图前应当进行必要的设置，如绘图单位、图幅大小、图层线型、线宽、颜色、字体格式和尺寸格式等。尽量选择比例1:1。

2）根据零件草图、装配示意图绘制各零件图。为了方便在装配图中插入零件图，也可将每个零件以块形式保存，用"WBLOCK"命令。

3）调入装配干线上的主要零件如轴，然后装配干线展开，逐个插入相关零件。插入后，需要剪断不可见的线段。若以块插入零件，则剪断不可见的线段前，应该分解插入块。

4）根据零件之间的装配关系，检查各零件的尺寸是否有干涉现象。

5）根据需要对图形进行缩放，布局排版，然后根据具体的尺寸样式，标注好尺寸。最后完成标题栏与明细表的填写，完成装配图的绘制。

2．修剪技巧

装配图中，两个零件接触表面只绘制一条实线，非接触表面或非配合表面绘制两条实线，两个或两个以上零件的剖面图相互连接时，需要其剖面线各不相同，以便区分，但同一个零件在不同视图的剖面线必须保持一致。

5.1.3 任务中相关零件图

任务中相关零件图如图5-21～图5-28所示。

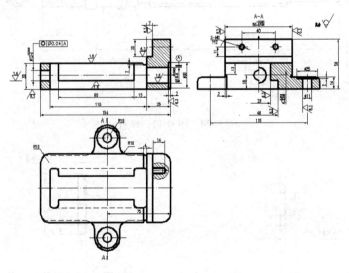

图5-21 序号4：固定钳身

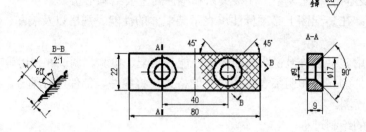

图 5-22 序号 8：护口板

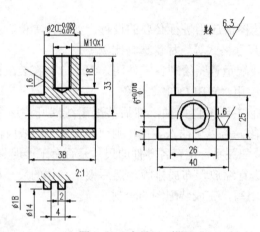

图 5-23 序号 6：螺母

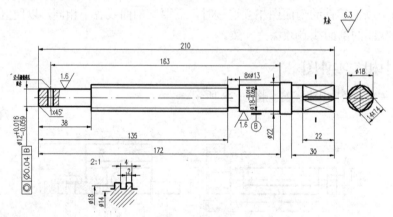

图 5-24 序号 11：螺杆

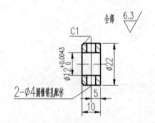

图 5-25 序号 1：圆环

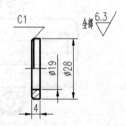

图 5-26 序号 10：垫圈

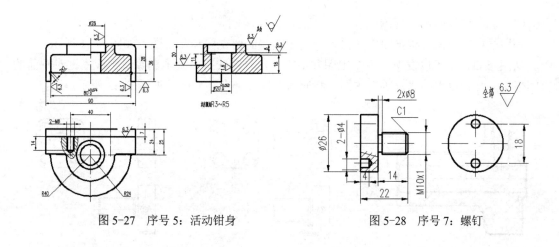

图 5-27　序号 5：活动钳身　　　　　　图 5-28　序号 7：螺钉

任务 5.2　根据溢流阀装配图拆出阀盖零件图

本任务将利用溢流阀的装配图拆出阀盖零件图，如图 5-29 所示为溢流阀的装配图（从装配图中拆画零件图的方法）。

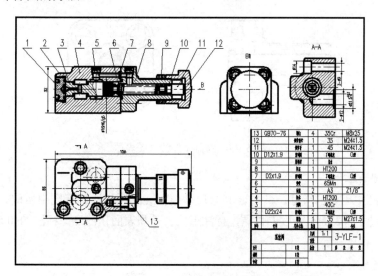

图 5-29　溢流阀的装配图

5.2.1　任务学习

1．看装配图

从装配图中可以看出，该部件叫溢流阀，共由 13 个零件组成，其中 8 个为标准件。阀盖通过 4 个螺钉与阀体连接，同时阀盖与油塞螺纹连接。

2．分离零件——拆阀盖

（1）拆画主视图

根据零件剖面线的方向、间隔和投影关系，找到阀盖零件对应的三视图，将其分离出来，如图 5-30 所示为阀盖从装配体中分离出来的主视图。

（2）拆画俯视图和左视图

利用同样的方法，根据投影关系，分离出阀盖的俯视图和左视图，如图 5-31 所示。

从图 5-31 中可以发现，各个视图并不完整，且图线有多余未删除，则应根据对阀盖的空间想象，结合投影的"三等"关系，将阀盖的图线补全与修改，如图 5-32 所示。

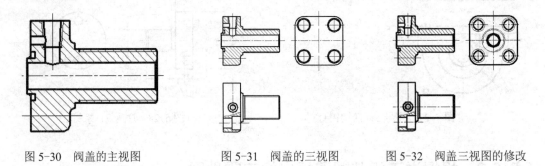

图 5-30　阀盖的主视图　　　　图 5-31　阀盖的三视图　　　　图 5-32　阀盖三视图的修改

3. 画阀盖零件图

零件图的视图表达不能照抄装配图中，应根据零件的特点重新选择，如图 5-33 所示。

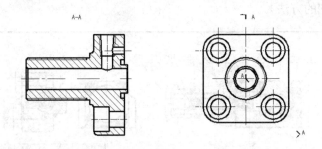

图 5-33　阀盖零件的视图表达

4. 标注阀盖零件

标注装配图中已有的尺寸。此外，其余尺寸根据装配图的比例从图中量取。注意装配图中相关零件间的尺寸和表面粗糙度的协调，标注形位公差和表面粗糙度，标注如图 5-34 所示。

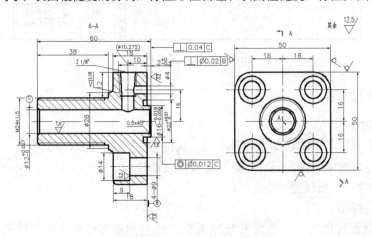

图 5-34　标注阀盖

228

5. 插入图框与标题栏

将已创建好的图框和标题栏复制粘贴在绘图区（或是以块形式插入图框和标题栏），填写标题栏和技术要求，如图 5-35 所示。

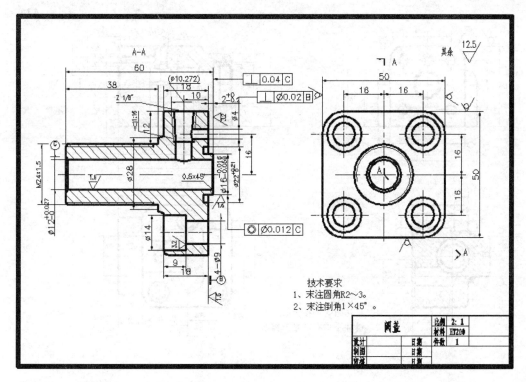

图 5-35 阀盖的零件图

5.2.2 任务注释

从装配图中拆画零件图的方法：在设计过程中，一般是先画装配图，再根据装配图拆画零件图，这一环节称为拆图。拆图要在看懂装配图的基础上进行，并按零件图的内容和要求，画出零件图。

（1）看懂装配图

1）概况了解。看装配图，首先通过标题栏、明细表了解机器或部件的名称，所有零件的名称、数量、材料及其标准件的规格，并在视图中找出相应零件所在的位置。其次浏览一下所有的视图，尺寸和技术要求。

2）分析视图，了解工作原理。

3）了解各零件间的装配连续关系。

（2）分离零件

在看懂装配图的基础上，根据零件的剖面线的方向，间隔和投影关系，分离出各个零件。

（3）画零件图

在看懂零件的结构形状后，就可以拆出各个零件的零件图。

5.2.3　任务中拆出的阀体零件图

任务中拆出的阀体零件图如图 5-36 所示。

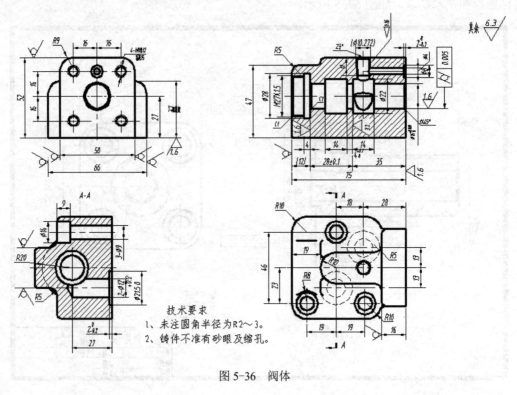

图 5-36　阀体

任务 5.3　学习图形的输出

本任务将完成机用虎钳中螺杆零件图的打印输出，螺杆的零件图如图 5-37 所示。

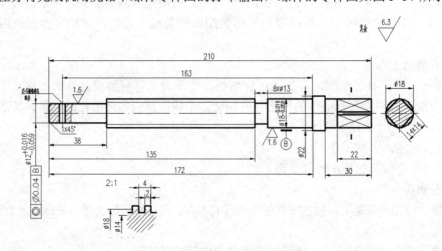

图 5-37　螺杆

5.3.1 任务学习

1. 绘制螺杆

螺杆的绘制我们不再介绍说明。

2. 插入样本文件

1）右键单击"模型"或"布局 1"或"布局 2"标签，如图 5-38 所示，在弹出的菜单中选择"来自样板"（模型空间与布局空间）。

2）系统弹出"从文件选择样板"对话框，在对话框中双击文件夹"SheetSets"，选择文件"Manufacturing Metric.dwt"，如图 5-39 所示。

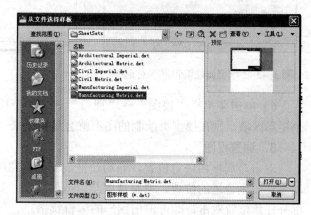

图 5-38　快捷菜单　　　　　　　　　图 5-39　"从文件选择样板"对话框

3）单击"打开"按钮，系统弹出"插入布局"对话框，如图 5-40 所示。

4）单击"确定"按钮，在"布局"标签后面会出现"ISOA3 标题栏"标签，单击该标签，如图 5-41 所示。

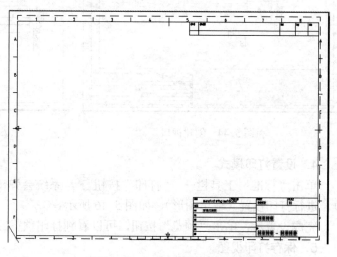

图 5-40　"插入布局"对话框　　　　　　图 5-41　"ISOA3 标题栏"标签

5）双击该布局中的标题栏，系统会弹出"增强属性编辑器"对话框，如图 5-42 所示，在"属性"选项卡中设置各列表的标记值，如图 5-43 所示。

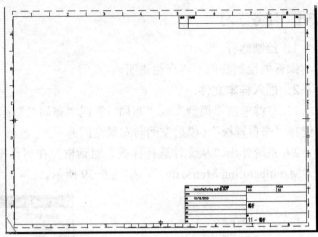

图 5-42 "增强属性编辑器"对话框   图 5-43 修改后的标题栏

6）单击菜单栏"视图"→"视口"→"一个视口"命令，然后在绘图区用鼠标窗选一个矩形区域，则在模型页绘制的图形就会显示出来（视口），如图 5-44 所示。

3．调整视图

双击布局框内任意位置，布局边框线变为粗黑线，则螺杆的零件图处于可编辑状态，移动零件图至合适的位置，调整视图至合适的大小，如图 5-45 所示。调整完毕后，在布局边框外任意位置双击，即可退出图形的编辑状态。

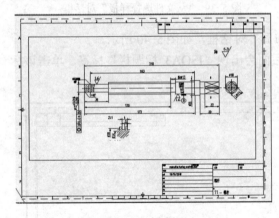

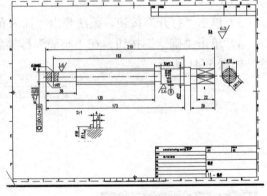

图 5-44 创建视口   图 5-45 调整视图

4．设置打印模式

单击"标准"工具栏→"打印"按钮 🖶，系统会弹出"打印—ISO A3 标题栏"对话框，进行打印设置（输出图形），如图 5-46 所示。

完成设置后，单击"预览"按钮，可以看到打印预览的效果，如图 5-47 所示。

5．保存打印视图

预览效果满意时，在预览效果图展示的状态下，单击鼠标右键，在弹出的快捷菜单中选择"打印"选项，如图 5-48 所示。系统弹出"浏览打印文件"对话框，设置文件保存的路径、文件名称及类型等，如图 5-49 所示。单击"保存"按钮，保存文件。

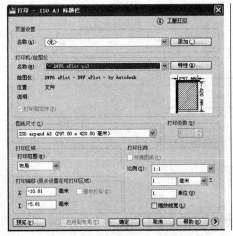

图 5-46 "打印—ISO A3 标题栏"对话框

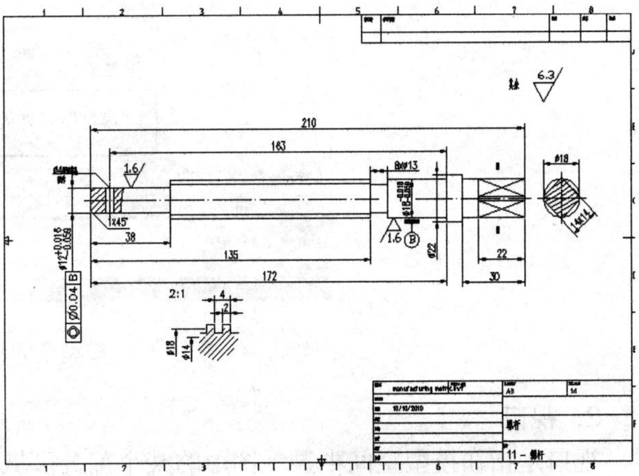

图 5-47 打印预览效果图

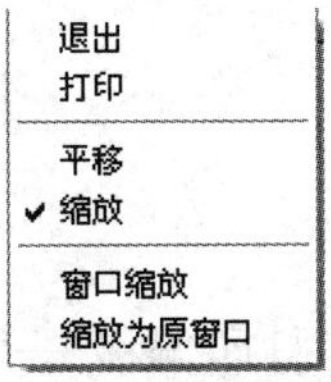

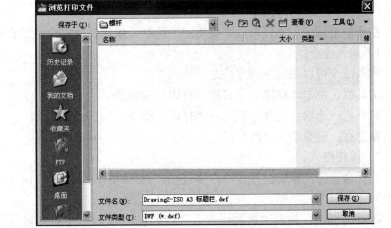

图 5-48 快捷菜单

图 5-49 "浏览打印文件"对话框

5.3.2 任务注释

1. 模型空间与布局空间

模型空间和布局空间是 AutoCAD 的两个工作空间。

（1）模型空间

模型空间是图形的设计、绘图空间，可以根据需要绘制多个图形用以表达物体的具体结构，还可以添加必要的标注尺寸，和文字注释等操作。在绘图过程中，只涉及一个视图时，在模型空间即可完成图形的绘制、打印操作。

（2）布局空间

布局空间可以被看做由一张图纸构成的平面，且该平面与绘图区平行。布局空间主要用于打印输出图样时对图形的排列与编辑。

使用状态栏中的快速查看工具可以快速查看模型和布局，如图 5-50 所示。

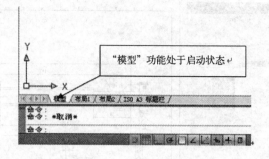

图 5-50　模型空间状态

2．视口

视口是指在模型空间中显示图形的某个部分区域。为了清晰的观察图形的不同部分，可以在绘图区上同时建立多个视口。

3．输出图形

（1）模型空间打印图形

在模型空间中，不仅可以完成图形的绘制、编辑，同样也可以直接输出图形。

1）输入命令。

输入命令可以采用下列方法之一：

工具栏：单击"标准"工具栏"打印"按钮 ⎙。

菜单栏：选取"文件"菜单→"打印"命令。

命令行：键盘输入"PLOT"。

2）操作格式。

执行命令后，系统会打开"打印-模型"对话框，如图 5-51 所示。

3）说明。

在对话框中，包含"页面设置"、"打印机/绘图仪"、"打印区域"、"打印偏移"、"打印比例"等选项组和"图纸尺寸"下拉列表框、"打印份数"文本框和"预览"按钮等。

● "页面设置"选项组

"名称"下拉列表：用于选择已有的页面设置。

"添加"按钮：用于打开"用户定义页面设置"对话框，用户可以新建、删除、输入页面设置。

● "打印机/绘图仪"选项组

"名称"下拉列表框：用于选择已经安装的打印设备。

"特性"按钮：用于打开"绘图仪配置编辑器"对话框，如图 5-52 所示。

● "图纸尺寸"下拉列表框

该下拉列表框用于选择图纸尺寸。

● "打印区域"选项组

"打印范围"下拉列表框：用于在打印范围内，选择打印的图形区域。

● "打印偏移"选项组

"居中打印"复选框：用于居中打印图形。

"X"、"Y"复选框：用于设定在 X 与 Y 方向上的打印偏移量。

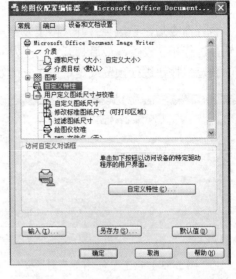

图 5-51 "打印-模型"对话框　　　　图 5-52 "绘图仪配置编辑器"对话框

● "打印份数"文本框：用于指定打印的份数。

● "打印比例"选项组

该选项组用于控制图形单位与打印单位之间的相对尺寸，打印布局时，默认缩放比例设置为 1：1。选择从"模型空间"选项卡打印时，默认设置为"布满图纸"。

● "单位"文本框

该文本框用于自定义输出单位。

● "缩放线宽"复选框

该复选框用于控制线宽输出形式是否受此比例影响。

● "预览"按钮

该按钮用于预览图形的输出效果。

（2）布局空间打印图形

通过布局空间输出图形时可以在布局中规划视图的位置和大小。本任务中，螺杆零件图的输出就利用了布局空间打印图形的方法。

在布局输出图形前，仍然要对打印的图形进行页面设置，然后再输出图形。其输出的命令与操作与模型空间的输出图形相似。

（3）网上发布

网上发布向导为创建包含 AutoCAD 图形的 DWF、JPEG 或 PNG 图像的格式化网页提供了简化的界面。其中，DWF 格式不会压缩图形的文件；JPEG 格式采用有损压缩，即故意丢弃一些数据以显著减小压缩文件的大小；PNG（便携式网络图形）格式采用无损压缩，即不丢失原始数据就可以减小文件的大小。

1）输入命令。

输入命令可以采用下列方法之一：

菜单栏：选取"文件"菜单→"网上发布"命令。

命令行：键盘输入"PUBLISHTOWEB"或"PTW"。

2) 操作格式。

执行命令后，系统会打开"网上发布-开始"对话框，如图 5-53 所示。单击"下一步"按钮，进行相应设置，最后打开"网上发布-预览并发布"对话框，如图 5-54 所示。用户单击"预览"按钮进行预览或是单击"立即发布"按钮进行发布。

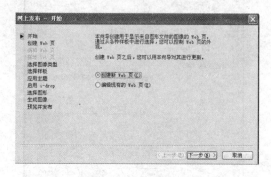 

图 5-53 "网上发布-开始"对话框　　　　图 5-54 "网上发布-预览并发布"对话框

（4）输出其他格式文件

AutoCAD 以 DWG 格式保存自身图形文件，但这种格式不能适合其他软件平台或应用软件。AutoCAD 可以输出多种格式，供用户在不同的软件之间交换数据。AutoCAD 能输出的文件类型有：DXF（图形交换格式）、EPS（封装 Postscript）、ACIS（实体造型系统）、BMP（位图）、WMF（Windows 图元）、STL（平版印刷）和 DXX（属性数据提取）等文件格式。

以图 5-37 螺杆为例，将图形转换成 BMP 图形说明。

1) 输入命令。

菜单栏：选取"文件"菜单→"输出"命令。

2) 操作格式。

执行命令后，系统会打开"输出数据"对话框。在该对话框中的"文件类型"下拉列表中选择"位图（*.bmp）"选项，如图 5-55 所示，选择一个合适的路径和文件名，单击"保存"按钮，系统会返回到绘图区，用窗选的方式，选择要进行转换的图形，按〈Enter〉键，完成图形从 DWG 格式向 BMP 格式的转换与保存。

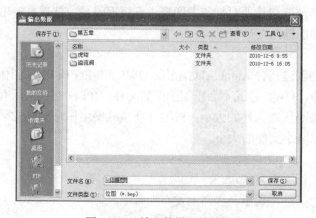

图 5-55 "输出数据"对话框

5.3.3 知识拓展

用网上发布的方式将图 5-56 螺母图形发布到 Web 页。

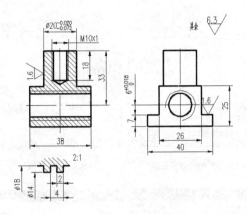

图 5-56 螺母

1. 绘制螺母零件

绘制螺母零件的步骤不再说明。

2. 发布图形

单击菜单栏上"文件"菜单→"网上发布"命令，系统会弹出"网上发布-开始"对话框，选中"创建新 Web"单选按钮，如图 5-57 所示。单击"下一步"按钮，可以利用打开的"网上发布—创建 Web 页"对话框指定 Web 文件的名称，存放位置以及相关说明，如图 5-58 所示。

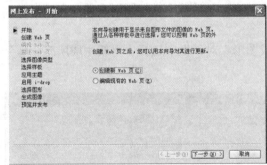

图 5-57 "网上发布-开始"对话框

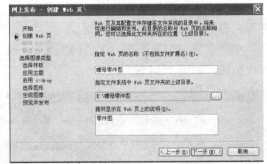

图 5-58 "网上发布—创建 Web 页"对话框

单击"下一步"按钮，在"网上发布—选择图像类型"对话框中设置 Web 页上显示图像的类型以及大小，如图 5-59 所示。

单击"下一步"按钮，在"网上发布—选择样板"对话框中设置 Web 页样板，在该对话框的预览框中显示出相应的样板示例，如图 5-60 所示。

单击"下一步"按钮，在"网上发布—应用主题"对话框中设置 Web 页面上各元素的外观样式，并且对所选主题进行预览，如图 5-61 所示。

单击"下一步"按钮，在"网上发布—启用 i-drop"对话框中选中"启用 i-drop"复选框，即可创建 i-drop 有效的网页，如图 5-62 所示。

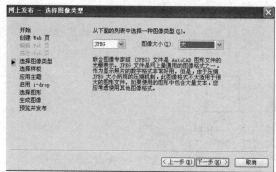 

图 5-59 "网上发布—选择图像类型"对话框　　　　图 5-60 "网上发布—选择样板"对话框

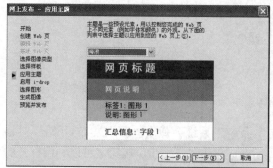 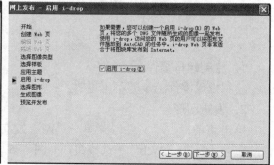

图 5-61 "网上发布—应用主题"对话框　　　　图 5-62 "网上发布—启用 i-drop"对话框

单击"下一步"按钮，在"网上发布—选择图形"对话框中进行图形文件、布局以及标签等内容的添加，如图 5-63 所示。

单击"下一步"按钮，在"网上发布—生成图形"对话框中选择"重新生成所有图像"单选按钮，如图 5-64 所示。

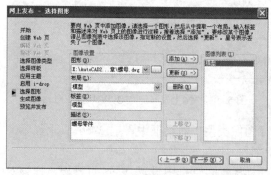 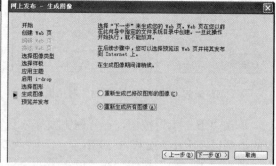

图 5-63 "网上发布—选择图形"对话框　　　　图 5-64 "网上发布—生成图形"对话框

单击"下一步" 按钮，在"网上发布—预览并发布"对话框中"预览"按钮预览所创建的 Web 页，单击"立即发布"按钮发布所创建的 Web 页，系统弹出对话框，指定发布Web 的路径，单击"保存"按钮。系统返回到"网上发布—预览并发布"对话框，单击"完成"按钮，完成 Web 页的所以操作并关闭对话框，如图 5-65 所示。

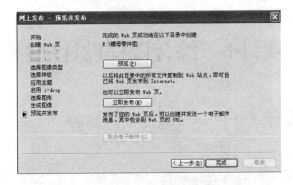

图 5-65　"网上发布—预览并发布"对话框

5.3.4　课后练习

1．在布局空间中完成图 5-66 所示护口板零件的打印输出。

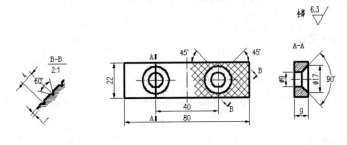

图 5-66　护口板

2．用网上发布的方式将图 5-67 活动钳身图形发布到 Web 页。

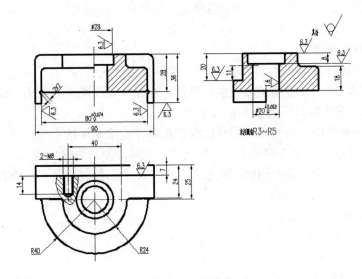

图 5-67　活动钳身

项目 6　综合课程设计项目

任务 6.1　课程设计（一）——减速器的绘制

1. 目的意义

通过减速器相关零件图与装配图的绘制，让学生在学完课程后，能独立的巩固知识，培养学生运用知识、分析问题以及解决工程实际问题的能力。

2. 任务要求

1）了解减速器的工作原理、结构特点和主要装配连接关系。

2）回顾总结零件图的绘制过程，完成全部非标准零件的绘制。

3）回顾总结装配图的绘制方法，完成减速器的装配图绘制。

3. 时间安排

1）时间要求：1~2 周。

2）安排：

① 了解与分析减速器的工作原理和结构特点 0.5 天。

② 绘制全部零件图 3~4 天。

③ 绘制装配图 1~2 天。

④ 整理及答辩 1~2 天。

4. 任务作业注意事项

1）严格遵守作息时间，不能迟到、早退。

2）可以相互讨论与研究，但要学会培养自己的独立工作能力，严禁抄袭。

3）注意绘图中保存，最好做备份，以防作业丢失。

5. 任务作业的步骤

1）了解减速器的工作原理、结构特点和主要装配连接关系。

2）设置绘图环境。设置绘图环境主要包括：绘图单位、图幅的大小、线宽、线型、线的颜色、尺寸标注格式等。尽量选择 1∶1 作图。

3）绘制全部零件图。绘制零件图时注意：各零件的比例尽量一致，并且零件尺寸必须准确，可用"WBLOCK"命令将每个零件定义成一个块，便于装配时插入。

4）绘制装配图。绘制装配图时，应根据各个零件之间的装配关系，检查各零件尺寸是否有干涉现象。

5）标注装配图填写明细表。

6）整理与修改任务作业。

7）答辩。

本课程设计中的装配图及零件图如图 6-1~图 6-9 所示（可参见随书配套的电子素材文件），相关参数见表 6-1~表 6-4。

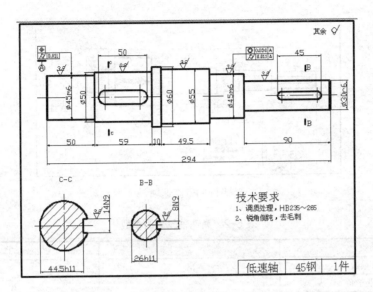

图 6-1　低速轴

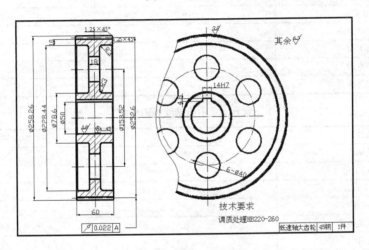

图 6-2　低速轴大齿轮

表 6-1　低速轴大齿轮参数

齿数	Z	99
法面模数	M_n	2.5
法面齿形角	a_n	20°
齿顶高系数	h*	1
全齿高	h	3.125
分度圆螺旋角	β	12° 14'20"
螺旋方向		左
变位系数	X	0
精度等级		8

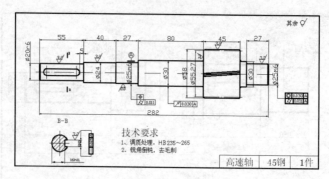

图 6-3 高速轴

表 6-2 高速轴轮齿的参数

齿数	Z	25
法面模数	M_n	2
法面齿形角	a_n	20°
齿顶高系数	h*	1
全齿高	h	2.5
分度圆螺旋角	β	14° 50'6"
螺旋方向		左
变位系数	X	
精度等级	8	

表 6-3 中速轴轮齿的参数

齿数	Z	30
法面模数	M_n	2.5
法面齿形角	a_n	20°
齿顶高系数	h*	1
全齿高	h	3.125
分度圆螺旋角	β	12° 14'20"
螺旋方向		右
变位系数	X	0
精度等级	8	

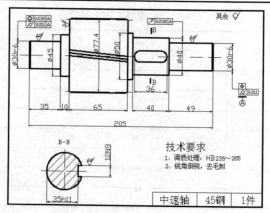

图 6-4 中速轴

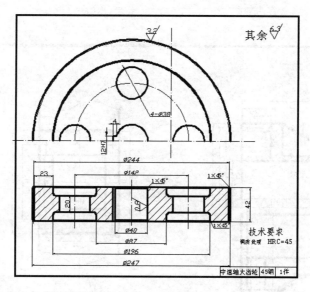

图 6-5　中速轴大齿轮

表 6-4　中速轴大齿轮的参数

齿数	Z	119
法面模数	M_n	2
法面齿形角	a_n	20°
齿顶高系数	h*	1
全齿高	h	2.5
分度圆螺旋角	β	14°50'6"
螺旋方向		右
变位系数	X	0
精度等级	8	

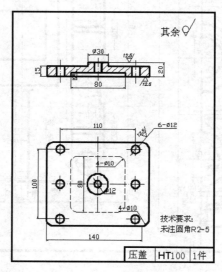

图 6-6　压盖

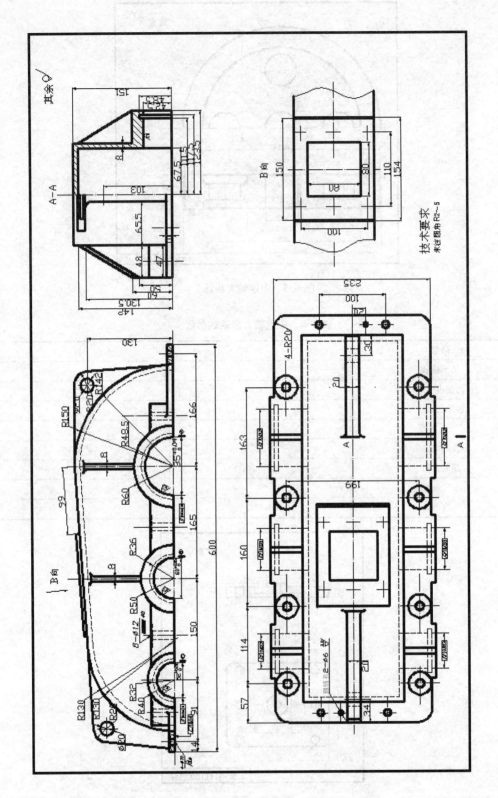

图 6-7 箱盖

244

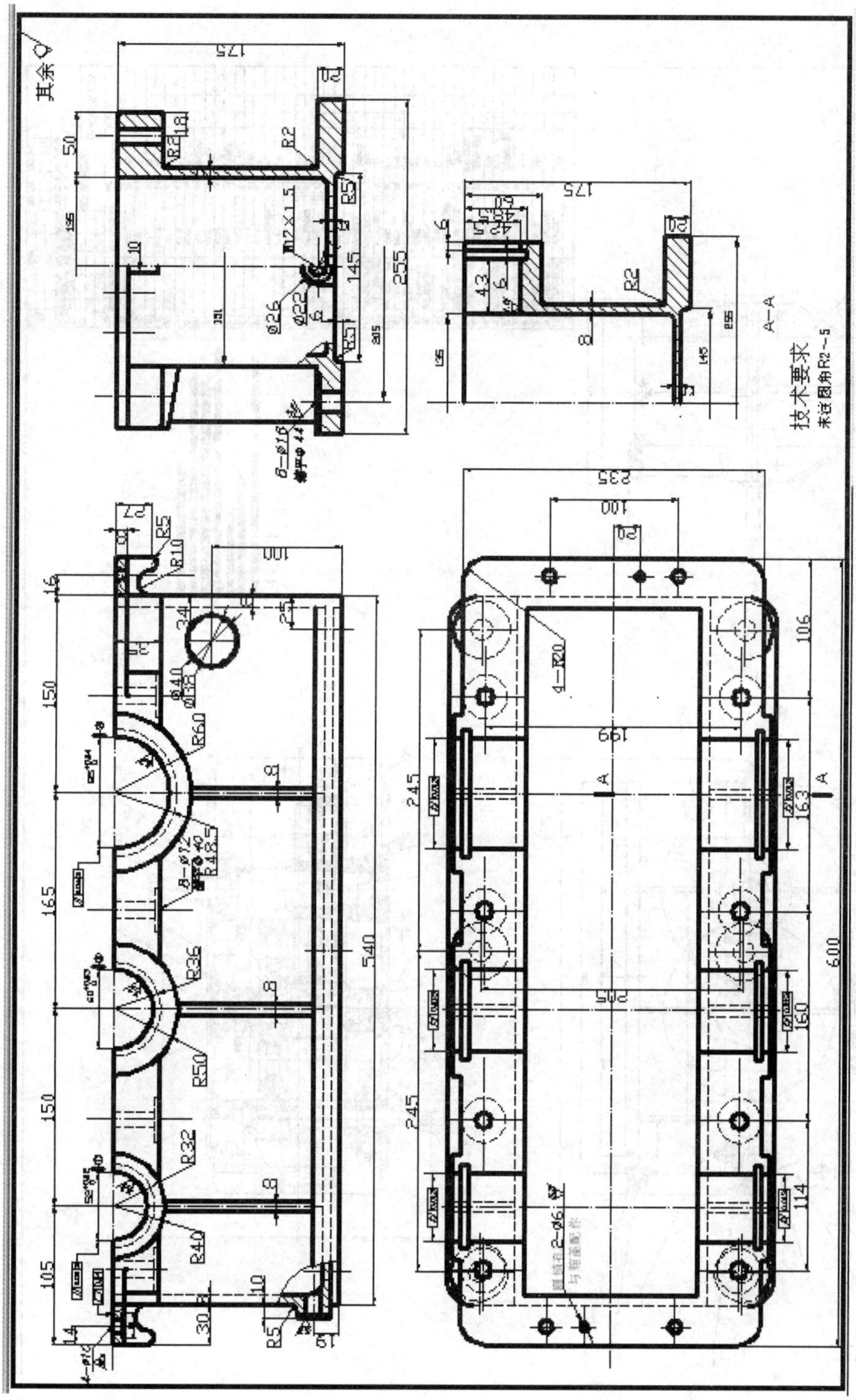

图6-8 箱体

技术要求
未注圆角R2~5

245

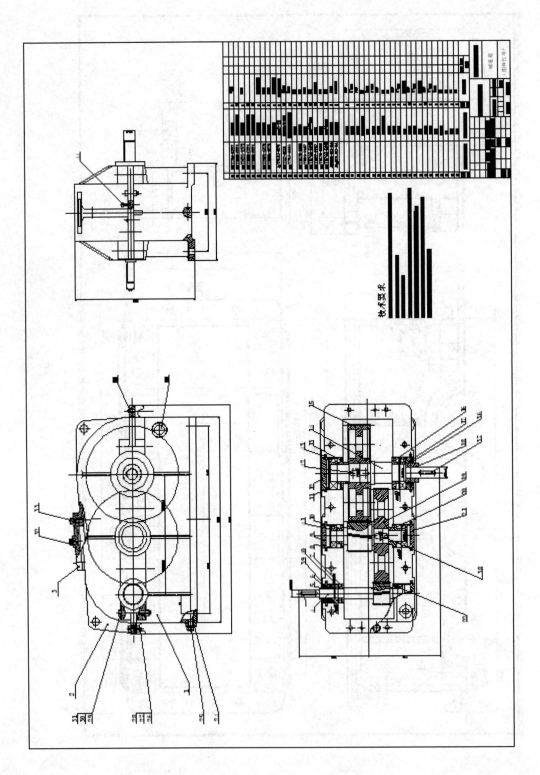

图 6-9 减速器装配图

任务 6.2 课程设计（二）——油缸的绘制

1. 目的意义

通过油缸相关零件图与装配图的绘制，让学生在学完课程后，能独立的巩固知识，培养学生运用知识、分析问题以及解决工程实际问题的能力。

2. 任务要求

1）了解油缸的工作原理、结构特点和主要装配连接关系。

2）回顾总结零件图的绘制过程，完成全部非标准零件的绘制。

3）回顾总结装配图的绘制方法，完成油缸的装配图绘制。

3. 时间安排

1）时间要求：1~2 周。

2）安排：

① 了解与分析油缸的工作原理和结构特点 0.5 天。

② 绘制全部零件图 3~4 天。

③ 绘制装配图 1~2 天。

④ 整理及答辩 1~2 天。

4. 任务作业注意事项

1）严格遵守作息时间，不能迟到、早退。

2）可以相互讨论与研究，但要学会培养自己的独立工作能力，严禁抄袭。

3）注意绘图中保存，最好做备份，以防作业丢失。

5. 任务作业的步骤

1）了解油缸的工作原理、结构特点和主要装配连接关系。

2）设置绘图环境。设置绘图环境主要包括：绘图单位、图幅的大小、线宽、线型、线的颜色、尺寸标注格式等。尽量选择 1∶1 作图。

3）绘制全部零件图。绘制零件图时注意：各零件的比例尽量一致，并且零件尺寸必须准确，可用"WBLOCK"命令将每个零件定义成一个块，便于装配时插入。

4）绘制装配图。绘制装配图时，应根据各个零件之间的装配关系，检查各零件尺寸是否有干涉现象。

5）标注装配图填写明细表。

6）整理与修改任务作业。

7）答辩。

本课程设计中的装配图及零件图如图 6-10~图 6-16 所示（可参见随书配套的电子素材文件）。

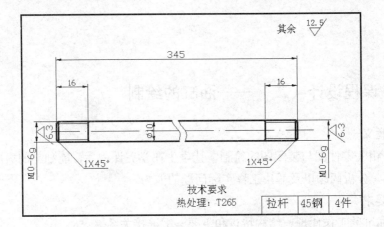

图 6-10　拉杆

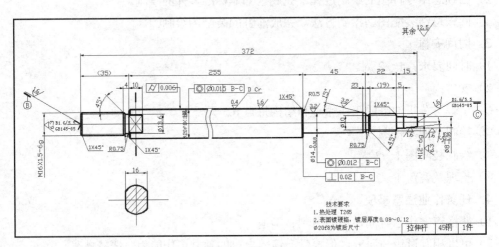

图 6-11　拉伸杆

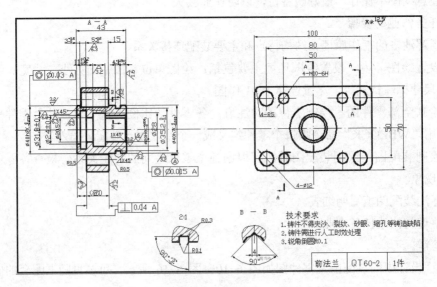

图 6-12　前法兰

248

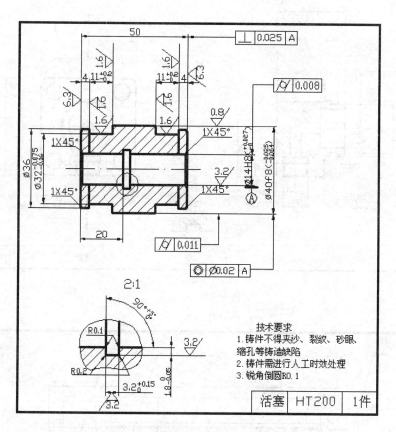

技术要求
1.铸件不得夹沙、裂纹、砂眼、缩孔等铸造缺陷
2.铸件需进行人工时效处理
3.锐角倒圆R0.1

| 活塞 | HT200 | 1件 |

图6-13 活塞

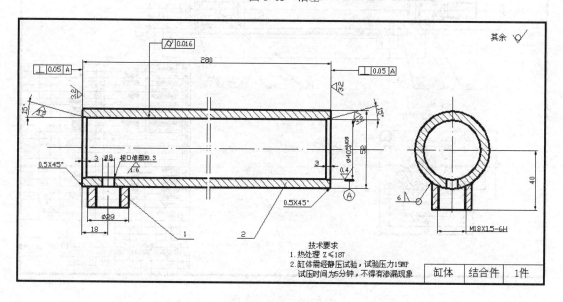

技术要求
1.热处理 Z≤187
2.缸体需经静压试验,试验压力15MP
  试压时间为5分钟,不得有渗漏现象

| 缸体 | 结合件 | 1件 |

图6-14 缸体

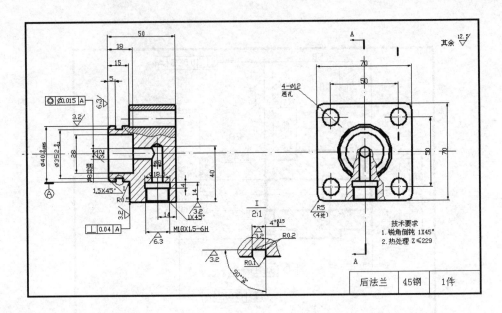

图 6-15　后法兰

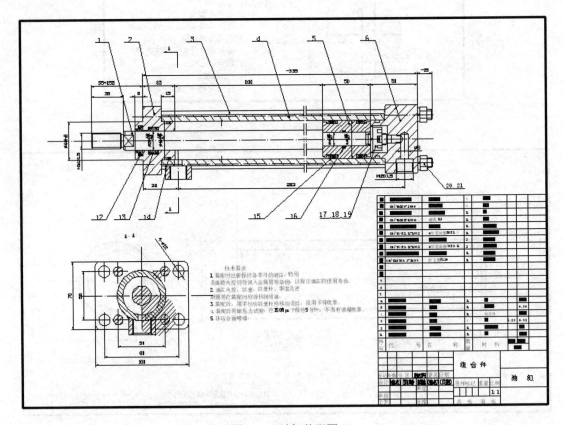

图 6-16　油缸装配图